KB013607

빛깔있는 책들 203-17

신비의 우주

글, 사진/조경철

대원사

조경철 ─────

1929년 평북 선천에서 태어나 연세대학교 물리학과를 졸업했다. 미국 Tusculum 대학 정치학과, Pennsylvania 대학원 천문학과를 졸업한 이학박사이자 정치학 박사이다. 미국 NASA 연구원과 Maryland 대학 교수를 역임하였으며 현재 연세대학교와 경희대학교 교수로 재직중이며 한국천문학회와 우주과학회 회장을 맡고 있다. 저서로는 「현대물리학」 「우주과학」 「뉴코스모스」 「천체의 신비」 「전파천문학」 「현대천문학」 등 80여 권이 있다.

빛깔있는 책들 203-17

신비의 우주

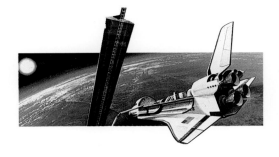

신비의 우주

우주를 보는 눈

육안으로 보는 별하늘은 아름답다고 하지만 우리가 볼 수 있는 별의 수는 제한되어 있다. 아무리 눈이 좋다 해도 남, 북반구(南北半球)를 모두 합쳐도 약 5천 개의 별들을 볼 수 있는 것이 고작이다.

별들을 더 많이 보려면 우리의 눈보다 더 큰 눈이 필요하다. 그래서 나타난 것이 우리들이 가장 손쉽게 구할 수 있는 망원경인 쌍안경(雙眼鏡)이다.

사람의 욕심엔 끝이 없어서 쌍안경으로 보는 천체와 별하늘을 좀더 크게, 가까이에서 보고 싶은 마음으로 천체 망원경을 만들게 되었다.

역사상 처음으로 망원경을 갖고 달, 목성, 토성을 관측한 사람은 이탈리아의 갈릴레이(1564~1642년)였다. 그때가 1610년으로 그가 사용한 망원경은 구경(口徑)이 3센티미터의 크기였다. 그러나 오늘날 많은 아마추어 천문 애호가들은 이것보다 훨씬 큰 망원경을 사용하고 있다. 이렇듯 우주를 보는 기구에는 여러 가지가 있다.

쌍안경

하늘에 있는 별들을 더 많이 보기 위해서 우리들이 가장 쉽게 구할 수 있는 망원경이다. 쌍안경으로 보는 별하늘은 감각이 풍부해진다. 달 표면의 분화구(噴火口) 모양, 목성, 토성의 윤곽도 보이고 은하수에 별들이 많이 모여 있는 것도 보인다.

굴절 망원경

굴절 망원경은 대물(對物) 렌즈와 접안(接眼) 렌즈로 되어 있는 망원경으로서, 선명한 천체의 상(像)을 볼 수가 있다. 그러나 렌즈를 연마하는 기술이 필요하고 값비싼 유리 재료가 있어야 하기 때문에 무작정 크게도 만들 수 없어 고가(高價) 품목에 속한다.

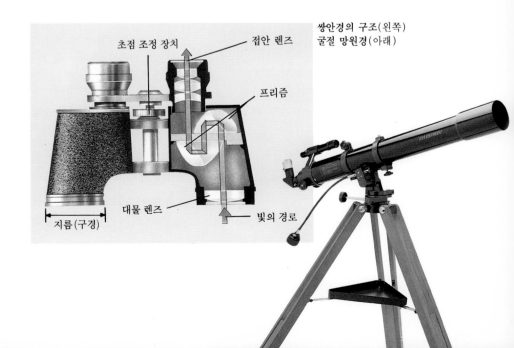

쌍안경의 구조(왼쪽)
굴절 망원경(아래)

초점 조정 장치
접안 렌즈
프리즘
대물 렌즈
빛의 경로
지름(구경)

굴절 망원경의
원리와 구조

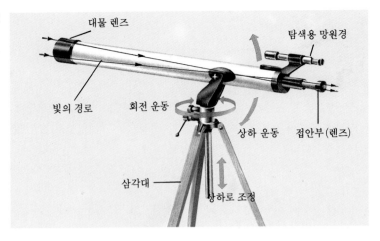

대물 렌즈

탐색용 망원경

빛의 경로   회전 운동

상하 운동   접안부(렌즈)

삼각대

상하로 조정

반사 망원경

　가격이 비싼 굴절 망원경 대신에 등장한 것이 반사 망원경이다. 이것은 그다지 고급 유리 재료가 필요없는 거울과 접안 렌즈로 구성된 것으로서 값도 싸게, 그리고 크게 만들 수 있을 뿐만 아니라, 반사 거울은 15센티미터 정도까지는 자신이 만들 수도 있어서 아마추어 천문가들 사이에는 인기가 높다.

　가장 간단한 반사 망원경은 뉴턴이 발명했다 하여 뉴턴식이란 이름이 붙은 것인데 그림에서 보는 바와 같이 포물(抛物)면을 한 반사경(反射鏡)과 평면 거울 및 접안 렌즈로 구성되어 있다. 망원경을 더 크게 만들려면 뉴턴식은 취급이 불편하여 카세그레인식이란 것이 고안되었다. 망원경이 하늘 어느 곳을 향해도 관측자는 망원경 밑에서만 볼 수가 있어서 편리한 것이다. 뉴턴식은 구경이 30센티미터 정도까지가 고작이고 더 커지면 카세그레인식을 택하게 되는데, 300센티미터 이상의 구경이 되면 아예 망원경 통(筒) 속에 들어가서 관측할 수 있는 프라임식을 천문학자들은 택하고 있다.

카세그레인식 반사 망원경

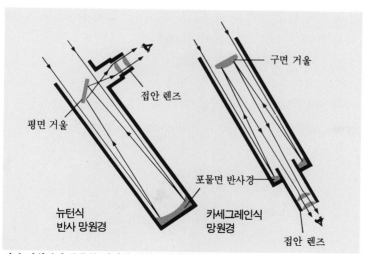

구면 거울

접안 렌즈

평면 거울

포물면 반사경

뉴턴식
반사 망원경

카세그레인식
망원경

접안 렌즈

반사 망원경의 종류(뉴턴식과 카세그레인식)와 구조 원리

전문가들의 연구용 망원경

천문학자들은 엄청난 크기의 반사 망원경을 사용하여 천체 연구를 하고 있다. 굴절 망원경으로서 세계 최대의 것은 미국의 야키스 천문대에 있는 1미터 구경의 것이다. 반사 망원경은 1980년까지는 미국의 캘리포니아에 있는 팔로마 천문대의 구경 5미터의 것이었으나, 소련이 구경 6미터의 것으로 젤렌츄스카야에 세웠다. 그러나 미국은 다시 8미터, 10미터 크기의 반사 망원경을 건조하여 21세기를 맞을려고 하고 있다.

우리나라에는 현재 경희대학교와 세종대학교에 구경 76센티미터의 반사 망원경이 도입되었고, 또한 61센티미터의 것이 연세대학교에 있다. 그리고 한국 천문 우주 과학 연구소가 1.8 내지 2미터 정도의 반사 망원경의 건립을 계획하고 있다.

굴절 망원경을 반사 망원경같이 무작정 크게 만들지 못하는 이유는 너무나도 긴 망원경 통(筒)을 만들어야 하고, 렌즈가 얇아서 너무 크게 하면, 망원경 위치를 바꿀 때마다 휘어져서 정확한 별의 위치 관측이 거의 불가능하기 때문이다.

반대로 반사 망원경은 상(像)의 질은 떨어지지만, 반사 거울을 주경(主鏡)으로 사용하여 거울 뒤를 받쳐 주기 때문에 경면(鏡面)이 휠 걱정이 없다. 그래서 상당히 크게 만들 수가 있고 따라서 집광력(集光力)이 우수하여 보다 먼 우주 공간을 볼 수가 있다.

한국의 천문학 연구용 망원경 연세대학교에 있는 구경 61센티미터의 반사 망원경이다. (옆면 위)

반사 망원경 소련의 젤렌츄스카야에 있는 세계 최대의 반사 망원경으로서 직경이 6미터이다. 반사경 무게만 40톤이 넘는다. (옆면 아래)

팔로마 천문대

제2차 세계 대전 뒤에 활동을 시작하여 20세기의 천문학을 주름 잡았던 팔로마 천문대의 5미터의 망원경은 그 당시까지 우리가 알고 있던 우주의 지식을 완전히 뒤집어 놓았다.

강력한 망원경의 출현으로 그때까지 세계에서 가장 컸던 윌슨 산(山) 천문대의 2.5미터의 망원경보다 4배 이상이나 우주 공간을 더 멀리 내다볼 수가 있어서 우리의 우주의 끝이 약 200억 광년 (1光年 ; 빛이 1년 동안 달리는 거리, 9조 5000만 킬로미터)이나 되는 거리에 있다 하는 것도 이 망원경으로 '허블'이란 천문학자가 알려 준 것이었다.

우리들이 흔히 보는 우주의 아름다운 천체 사진의 거의 모두가 이 망원경으로 찍혀 소개된다.

미국의 팔로마 천문대 5미터의 반사 망원 경이 있는 천문대로 서 20세기 천문학을 주름잡았다.

반사 망원경 1980년까지 세계 최대의 반사 망원경은 미국의 5미터 구경의 망원경이었다. 이것은 팔로마 천문대에 있다.

별

별의 밝기

하늘의 별들은 밝은 것도 있고 어두운 것도 있다. 밝게 보이는 별은 지구와의 거리가 가깝다든가 아니면 엄청나게 크기 때문이며, 어두운 별은 그 반대로 거리가 멀다든가 별 자체가 어둡기 때문이기도 하다.

겉보기 별들의 밝기는 광도(光度)의 겉보기 등급(等級)으로 구분한다. 우리의 육안으로는 6등급 정도까지 볼 수가 있는데 별 가운데에서 가장 밝은 것은 시리우스(Sirius)로서 −1.47등급이며 만달(満月)은 −12등급, 태양은 −27등급에 해당한다.

1등급은 2등급보다 2.512배 밝고 2등급은 3등급보다 2.512배 밝다. 이렇게 등급이 내려갈수록 바로 앞의 등급보다 2.512 배씩 밝기가 줄어든다. 곧 1등급과 6등급과의 밝기를 비교해 보면 5등급 차가 생겨 정확히 1등급이 6등급보다 100배 정도 더 밝다는 결과가 된다.

별들을 가상적으로 똑같은 위치에 끌어다 놓으면, 별들의 절대적인 밝기를 비교해 볼 수가 있다. 이렇게 별들을 10퍼섹(Parsec ; 1 PC은 32.6광년)의 거리에 가져다 놓았을 때의 밝기를 절대 등급(絶對等級)이라 부른다.

밝은 별들

별이름	별자리	등급		거리(광년)
		겉보기	절대	
시리우스	큰개자리	−1.47	1.4	8.7
카노푸스	용골	−0.7	−3.3	110
리겔·켄트	센타우루스	−0.3	4.4	4.3
아크투루스	목동	−0.1	−0.3	36
베가	거문고	0.0	−0.3	26
리겔	오리온	0.1	−7.0	850
카펠라	마차부	0.1	−0.6	45

별들의 겉보기 등급의 숫자가 커지면 밝기는 그만큼 어두운 것이 되지만 어두운 별들의 수는 기하급수적으로 늘어난다. 직경 5미터의 망원경으로는 23등급까지 볼 수가 있는데 1등급과 23등급 사이의 22등급 차(差)는 곧 23등급의 별에 비해 1등급 별은 6억 배나 밝다는 계산이 된다.

별들의 수와 등급

등급	별의 수	등급	별의 수
1	12	9	117,000
2	41	10	324,000
3	138	15	32,000,000
4	530	20	1,000,000,000
5	1,620	21	1,700,000,000
6	4,850	22	28,000,000,000
7	14,300	23	42,000,000,000
8	41,000		

여름의 은하수 사계절 가운데서 은하수의 장관을 가장 잘 볼 수 있는 계절이다. 견우와 직녀, 백조, 전갈, 천칭, 뱀주인 자리 등 하늘을 아름답게 수놓는 별들이 많다.

별의 크기

별들도 사람과 같이 크고 작은 것들이 있다. 큰 것은 얼마나 크고 작은 것은 얼마나 작은 것일까? 천문학자들은 별들의 키를 재고 다음과 같이 분류하였다.

초거성(超巨星);태양 크기의 100배 이상($<100 ⊙$)

거성;$<100\sim50 ⊙$

준거성(準巨星);$<50\sim10 ⊙$

주계열성(主系列星);$<10\sim10$분의 1 $⊙$

준왜성(準矮星);<10분의 $1\sim50$분의 1 $⊙$

왜성;태양 크기의 50분의 1배 이하(>50분의 1 $⊙$)

※ $⊙$은 태양을 뜻함

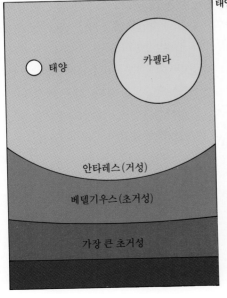

태양과 별들의 크기 비교

별의 온도

별의 온도는 표면 온도로 표기한다. 온도가 낮은 촛불과 용접에 쓰이는 온도의 불하고는 색깔로서도 온도의 차이를 구분할 수가 있다. 별들도 뜨거운 것과 비교적 차가운 것들이 있어서 그 크기뿐만 아니라 온도로서도 분류한다.

별들의 온도는 분광(分光) 사진을 찍어 알아낸다. 태양의 빛은 프리즘(Prism)을 통과하게 하면 무지개 색깔로 태양빛이 갈라지는 데 이것을 스펙트럼(spectrum)이라 부른다. 자세하게 그 분광된 모습을 보면 검은 줄들이 끼어 있다. 이 선들을 흡수선(吸收線)이라 부르는데 에너지가 핵부분에서 발생한 것이 밖으로 나갈 때 태양 대기(大氣)가 여러 가지 에너지의 강도를 나타내는 파장(波長)의 빛을 부분적으로 흡수하기 때문이다.

표면 온도가 높은 별일수록 흡수선의 수는 적어진다. 반대로 태양 보다도 낮은 온도의 별들은 흡수선의 수가 많아진다. 왜냐하면 높은 온도의 별일 경우에는 수소(水素)나 헬륨 같은 원소만 존재하지만 낮은 온도에서는 여러 원소뿐만 아니라 분자(分子)까지도 존재할 수가 있기 때문이다. 태양만 하더라도 70여 종의 원소가 존재한다.

아주 높은 온도의 별의 스펙트럼을 보면 검은 배경에다 흡수선 대신에 휘선(輝線)만이 나타난다. 하버드 대학의 천문학자들은 별의 스펙트럼과 온도와의 관계를 다음과 같이 분류하였다.

스펙트럼 태양이나 태양 온도와 비슷한 별들의 스펙트럼이다. 밝은 배경 속에 검은 흡수선이 보인다.

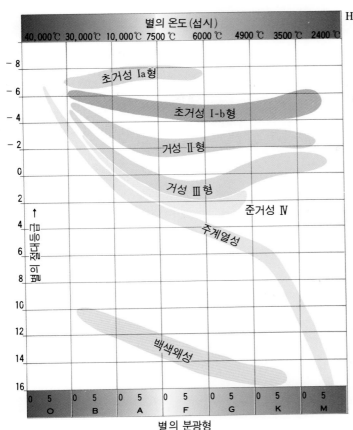

H-R도 헤르츠스프룽-러셀
(Hertzsprung-Russell)
의 두 사람이 창안해 낸
별의 광도(光度)와 온도에
의한 분포도로서 우리
태양은 G급의 주계열성
(主系列星)에 속해 있다.

별의 온도(섭시)

40,000℃ 30,000℃ 10,000℃ 7500℃ 6000℃ 4900℃ 3500℃ 2400℃

초거성 Ia형

초거성 I-b형

거성 II형

거성 III형

준거성 IV

주계열성

백색왜성

| O | B | A | F | G | K | M |

별의 분광형

별의 분광형(分光型)과 온도

분광형	온도(절대 온도)	색채	주구성 물질
O	25,000 이상	청색	헬륨
B	11,000~25,000	청색	헬륨
A	7,000~11,000	청색	수소
F	6,000~ 7,500	청백색	금속 원소
G	5,000~ 6,000	황색	칼슘
K	3,500~ 5,000	오렌지색	산화티타늄
M	3,500 이하	붉은색	탄소, 산화티타늄
(RNS)			

별들과의 거리

　지구와 비교적 가까이 있는 별과의 거리는 시차(視差)라는 각을 측정하여 삼각(三角)법을 이용해 계산한다.

　그림에서 지구와 태양 사이의 거리는 1억 5천 킬로미터로 알려져 있으므로 A라는 위치에 지구가 있을 때 거리를 재려는 별인 S를 보면 배경을 이룬 먼 거리의 별과는 상대적으로 P_A의 위치에 있는 것처럼 보인다. 지구가 태양을 끼고 돌면서 B의 위치로 왔을 때 S를 다시 보면 이번엔 배경의 별들과는 P_B의 위치에 있는 것처럼 보인다. 이렇게 해서 태양과 S와 이루는 축(軸)과의 각을 시차라 하는데 이 각을 측정하면 태양과 지구와의 거리를 알고 있으니까, 직각삼각형을 이루고 있는 그림에서 지구와 별을 연결하는 변의 길이(지구와 별과의 거리)를 구할 수 있다. 그러나 이 방법으로는 지구 근처에 있는 몇 개 안 되는 별들과의 거리를 구할 수 있을 뿐이며 먼 곳에 있는 천체의 거리는 분광(分光)학의 도움을 빌거나 변광성(變光星)을 이용하여 구분해야 한다.

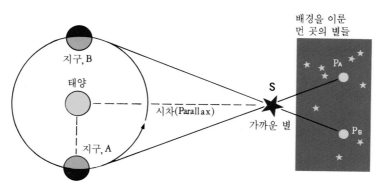

삼각 시차(三角視差)법　가까운 거리에 있는 별과의 거리를 알아내는 법이다.

거리의 단위

우리들은 길이나 거리를 나타내는 단위로 밀리미터, 센티미터, 미터 또는 킬로미터를 사용하고 있지만 지구와 별과의 거리는 너무나도 엄청나서 킬로미터 단위로는 도저히 표현할 수가 없다. 그래서 천문학자들은 지구와 태양과의 거리를 천문 단위(天文單位)란 이름으로 사용하여 태양계의 행성(行星)들과의 거리를 표시하고 있다. 그러나 이 단위도 별들과의 거리를 나타내려면 또 너무나 작은 단위이기 때문에 다음과 같은 보다 큰 단위를 채택하고 있다. 천문학에서 쓰이는 단위는 다음과 같다.

1 천문 단위(AU);지구와 태양과의 평균 거리

1 광년(光年, LY);빛이 1년 동안 달리는 거리

1 퍼섹(PC);지구와 태양의 위치에서 어떤 별을 볼 때 시차(視差)가 1도 각이 129만 6000분의 1의 크기를 나타낼 때 지구와 별과의 가상적 거리 등이 있다.

이것의 각 단위를 환산해 보면 1 PC=3.26 LY=206,265 AU=1억 5000만km×206,265이다.

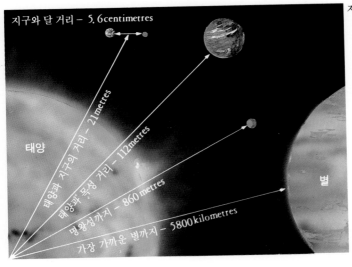

지구와 여러 천체까지의 상대적 거리표

지구와 달 거리 - 5.6centimetres

태양

태양과 지구의 거리 - 21metres

태양과 목성 거리 - 112metres

명왕성까지 - 860 metres

가장 가까운 별까지 - 5800 kilometres

별

별들의 세계

별들의 모양

별들은 크고 작은 것, 뜨겁거나 차가운 것들이 있다고 했지만 그것만이 별들의 모든 것은 아니다. 별들 가운데는 빛이 변하는 것이 있는가 하면 둘 또는 셋이 서로 한 쌍이 되어 끼고 도는 것도 있다.

변하는 별을 변광성(變光星)이라 부르고 서로 한 쌍으로 된 별들을 쌍성(雙星) 또는 연성(連星)이라 한다. 변광성에는 또 여러 가지가 있는데 그 이름은 다음과 같다.

변광성과 쌍성의 이름

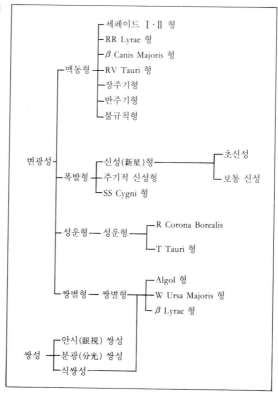

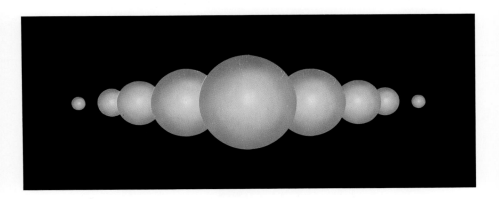

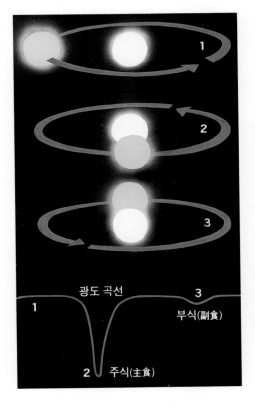

맥동성 별들이 숨을 쉬듯이 팽창과 수축을 반복함으로써 밝아졌다 어두워졌다 하는 변광을 반복한다.(위)

알골(Algol) 식쌍성의 대표적인 별로 밝은 별을 어두운 별이 끼고 돌며 서로 번갈아 상대방을 가려 보임으로써 밝기가 위의 광도 곡선같이 변한다. 쌍별이지만 별들은 매우 먼 거리에 있기 때문에 망원경으로도 쌍으로 안 보이고 하나의 별로만 보이지만 광도 곡선으로 이 별이 쌍별임을 알 수가 있다.(왼쪽)

광도 곡선

1

3

2 주식(主食)

부식(副食)

별들이 모여 사는 곳

이렇게 별들은 여러 가지 형태로 멋을 지니고 있지만 또 한편 별들이 모여 집단 생활을 하고 있는 것도 있다. 무한한 우주 공간이 바로 별들의 고향이겠지만 외롭게 홀로 사는 별들도 있고 서로 모여서 살기를 원하는 별들도 많다.

이렇게 서로 모여 사는 별들을 성단(星團)이라 한다. 성단에는 두 가지 종류가 있다. 하나는 젊은 별들만이 산만하게 모여 있는 산개 성단(散開星團)이며, 또 하나는 늙은 별들이 구형(球型)으로 많이 밀집한 구상(球狀) 성단이다.

산개 성단의 경우는 수십 내지 수천 개의 젊은 별들이 서로 모여 있지만 구상 성단은 별들의 수를 헤아릴 수 없을 정도로 수십만 내지 수백만 개의 늙은 별들이 모여 있다. 특히 구상 성단의 사진을 보면 대자연의 조화와 우주의 신비에 감탄하지 않을 수 없다.

헤르쿨레스 구상 성단 북반구에서 보이는 수백만 개의 별들이 모여 있다.(왼쪽)
오메가 구상 성단 남반구에서 볼 수 있는 성단으로 육안으로도 보일 정도로 밝고 크다.(오른쪽)

플레아디스 산개 성단 겨울 하늘에 반짝이는 7개의 별을 육안으로 볼 수가 있어
서양에서는 '7명의 자매(姉妹)'란 별명으로 불리고 있다.

별들의 일생

우주가 탄생하면서 시간도 탄생했다. 이때부터 우주에 존재하는 모든 것은 탄생과 함께 성장과 진화 끝에 죽음이 있다.

우리에게 인생이 있듯이 별들에게도 별생(星生)이 있다. 다만 그 연령과 수명이 관심거리가 되겠는데 우리 인간의 일생은 100년 정도가 고작이지만 '별의 일생'은 엄청나게 길다. 그러나 별들이 모두가 고르게 장수하는 것도 아니다.

태양의 몇 백 배나 되는 크기로 탄생한 별은 연료 소모의 속도가 너무나도 빨라 1억 년을 넘기기가 힘이 들지만 이와 반대로 태양만큼의 별들은 거의 100억 년이나 산다. 또한 태양보다 더 작은 별로 탄생하여 태양보다 더 장수하는 별도 있다. 인간도 비대한 몸집을 가진 사람과 마른 사람하고는 수명의 차이가 난다는 것과 비교하면 재미있는 우주의 섭리를 느끼게 해준다.

별의 일생 태양 정도 크기의 별이 경험하는 일생으로서 크기와 온도가 그림과 같이 변한다. 별 하나는 1억 년에 해당한다.(아래, 옆면)

1

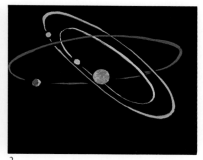

2

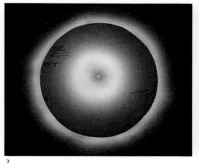

3

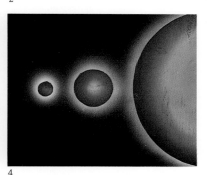

4

1. 먼지와 수소 구름이
   뭉쳐서 별이 탄생한다.
2. 가스 덩어리가 별이
   되며 주변의 구름 덩어리
   는 행성(行星)을 형성한
   다.
3. 별은 그 일생 동안 수소
   구름이 핵반응을 일으켜
   태우며 빛을 낸다.
4. 100억 년이 지날 무렵에
   는 원래 크기의 100배쯤
   으로 팽창한다.
5. 팽창한 별은 대폭발을
   일으켜(新星 시대) 외곽
   의 대기는 날아가고 핵부
   만 남는다.
6. 작은 핵부만 남은 별은
   빛을 모아 발산한 뒤에
   죽음을 맞이한다. 수명은
   110억 년이다.

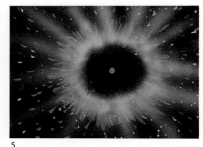

5

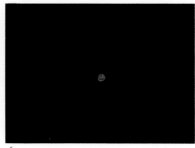

6

별자리

    별자리의 이름은 1000년 전에 메소포타미아의 목동들이 하늘의 별들을 보면서 별들이 그리는 모양을 여러 가지 동물 형태로 부른 것이 시초가 되었다.

    희랍 시대에 들어와서 별자리는 또 다양한 신화(神話) 세계의 무대가 되어 신화에서 활약하는 주인공들의 이름이 별자리에 붙게 되면서 낭만적인 우주로 우리들을 끌어들였다. 그래서 북반구의 별자리들의 이름은 주로 동물이나 신화 속에 등장하는 인물과 도구로 표현되어 있다.

    교통 수단이 발달됨에 따라 남반구에도 사람이 갈 수 있게 되어 16세기 말에 프랑스나 독일의 천문학자들이 남쪽의 별자리들에게 이것저것 이름을 붙였는데 현미경, 망원경, 시계, 조각구 등등 정서적인 면이 아닌 물체의 이름을 붙였다.

    오늘날 국제 천문학 연맹(IAU)은 모든 이름을 정리하여 88개의

> **별자리** 하늘에는 무수한 별들이 있는데 국제 천문학 연맹에서는 모든 별의 이름을 정리하여 88개의 남, 북반구의 별자리를 확정했다.(옆면)

남, 북반구의 별자리로 확정했다. 별자리는 옛날에는 여행자와 항해(航海)인 들에게는 필수적인 길잡이가 되었고 현재도 그 명맥을 유지하고 있다. 그리고 과학 문명 시대에서 사라져 가는 정서적인 생활을 지켜 주며 어린이에게는 무궁한 꿈과 추억을 주는 것이 이 별자리이다.

우주 시대에 들어와 달에 가던 아폴로 우주 비행사들도 별자리를 보면서 자신들의 위치를 확인했다고 한다. 그래서 별자리를 국민학교에서 가르치고 있고 어른들도 자녀 교육을 위해, 또 스스로 알기 위해 관심을 쏟고 있다.

별자리의 역사와 이름

서아시아의 메소포타미아에 5000년 전쯤에 슈메르인(人)이 살기 시작하면서 농업과 목축에 종사했는데, 주로 양(羊)치기들이 밤을 새우며 양떼를 지키던 사람들이 별자리를 만들어 부르기 시작한 것이 시초가 되었다. 그 뒤 바빌로니아, 이집트, 희랍, 로마 시대를 거쳐 오면서 천동설(天動說)을 제창하고 48개의 별자리를 정한 기원후 2세기의 프톨레마이오스에 이어서 1603년 독일의 바이어가 남쪽의 별자리까지 포함한 성도를 발표하였다. 제멋대로 사용하던 많은 별자리들을 국제 천문학 연맹(IAU)의 1930년 총회에서 공식적으로 88개의 별자리를 확정했다.

별자리 이름

별자리 이름			대략의 위치		비고
한국어	학명	영어	적경	적위	
거문고	Lyra	The Lyra	18시 50분	+37°	우리나라에서 보이는 별자리
게	Cancer	The Carb	8시 35분	+20°	"

별자리 이름			대략의 위치		비고
한국어	학명	영어	적경	적위	
고래	Cetus	The Whale	1시 40분	−10°	우리나라에서 보이는 별자리
고물	Puppis	The Stern of the Ship Argo	7시 30분	−32°	〃
펌프	Antlia	The Pump	10시 5분	−35°	〃
궁수	Sagittarius	The Archer	19시 0분	−25°	〃
기린	Camelop ardalis	The Giraffe	5시 40분	+70°	〃
까마귀	Corvus	The Crow	12시 25분	−18°	〃
나침반	Pyxis	The Compass	8시 50분	−28°	〃
남쪽물고기	Piscis Austrinus	The Southern fish	22시 10분	−31°	〃
남쪽왕관	Corona austrina	The Southern crown	18시 35분	−41°	〃
도마뱀	Lacerta	The Lizard	22시 30분	+44°	〃
독수리	Aquila	The Eagle	19시 30분	+ 2°	〃
돌고래	Delphinus	The Dolphin	20시 30분	+12°	〃
두루미	Grus	The Crane	22시 25분	−46°	〃
마차부	Auriga	The Charioteer	6시 0분	+42°	〃
망원경	Telescopium	The Telescope	19시 15분	+51°	〃
머리털	Coma berenices	Berenices hair	12시 45분	+23°	〃
목동	Bootes	The Herdsman	14시 35분	+30°	〃
물고기	Pisces	The Fishes	0시 20분	+10°	〃
물병	Aquarius	The Water bearer	22시 20분	−11°	〃
바다뱀	Hydra	The Sea Serpent	10시 20분	−20°	〃
방패	Scutum	The Shield	18시 30분	−10°	〃
백조	Cygnus	The Swan	20시 30분	+43°	〃
뱀	Serpens	The Serpent Head			
뱀주인	Ophiuchus	The Serpent Bearer	17시 10분	− 4°	〃
비둘기	Columba	The Dove	5시 45분	−36°	〃
사냥개	Canes Venatici	The Hunting Dogs	13시 0분	+42°	〃
사자	Leo	The Lion	10시 35분	+15°	〃
살쾡이	Lynx	The Lynx	7시 50분	+47°	〃
삼각형	Triangulum	The Triangle	2시 5분	+32°	〃
쌍둥이	Gemini	The Twins	7시 0분	+24°	〃
안드로메다	Andromeda	Andromeda	0시 40분	+38°	〃

별자리 이름			대략의 위치		비고
한국어	학명	영어	적경	적위	
양	Aries	The Ram	2시 30분	+20°	우리나라에서 보이는 별자리
작은여우	Vulpecula	The Fox	20시 10분	+25°	〃
염소	Capricornus	The Goat	21시 0분	−20°	〃
오리온	Orion	Orion	5시 30분	+ 2°	〃
왕관	Corona Borealis	Northern Crown	15시 50분	+33°	〃
일각수	Monoceros	The Unicorn	7시 1분	+ 3°	〃
용	Draco	The Dragon	17시 40분	+52°	〃
육분의	Sextans	The Sextant	10시 15분	− 2°	〃
이리	Lupus	The Wolf	15시 20분	−42°	〃
작은개	Canis minor	The Little Dog	7시 45분	+ 6°	〃
작은곰	Ursa minor	The Little Bear	15시 30분	−78°	〃
작은사자	Leo minor	The Little Lion	10시 15분	+34°	〃
전갈	Scorpio	The Scorpion	16시 45분	−35°	〃
망아지	Equuleus	The Colt	21시 10분	+ 8°	〃
처녀	Virgo	The Virgin	13시 20분	+ 2°	〃
천칭	Libra	The Scales	15시 15분	−16°	〃
카시오페이아	Cassiopeia	The Queen	1시 0분	+61°	〃
컵	Crater	The Cup	11시 20분	−16°	〃
쎄페우스	Cepheus	The King	22시 30분	+73°	〃
큰개	Canis Major	The Great Dog	6시 40분	−22°	〃
큰곰	Ursa Major	The Great Bear	10시 40분	+58°	〃
토끼	Lepus	The Hare	5시 30분	−19°	〃
페가수스	Pegasus	The Flying Horse	22시 40분	+20°	〃
페르세우스	Perseus	Perseus	3시 20분	+45°	〃
헤르쿨레스	Hercules	Hercules	17시 30분	−32°	〃
화살	Sagltta	The Arrow	19시 20분	+18°	〃
황소	Taurus	The Bull	4시 30분	+17°	〃
에리다누스	Eridanus	Eridanus	3시 50분	−20°	〃
화로	Fornax	The Furnace	2시 40분	−32°	〃
조각실	Sculptor	Sculptor	0시 25분	−35°	〃
현미경	Microscoplum	The Microscope	20시 55분	−37°	〃

별자리 이름			대략의 위치		비고
한국어	학명	영어	적경	적위	
조각구	Caelum	The Burin	4시 40분	−38°	우리나라에서 보이는 별자리
돛	Vela	The Sails of the Ship Argo	9시 30분	−47°	″
봉황새	Phoenix	The Phoenix	1시 0분	−50°	″
센타우루스	Centaurus	The Centaur	13시 0분	−47°	우리나라에서 일부가 보이는 별자리
수준기	Norma	The Level	16시 0분	−51°	″
시계	Horologlum	The Clock	3시 15분	−54°	″
이이즐	Pictor	The Easel	5시 40분	−53°	″
제단	Ara	The Altar	17시 20분	−55°	″
인도인	Indus	The Indian	21시 40분	−60°	″
남십자	Crux	The Cross	12시 52분	−60°	″
용골	Carina	The Keel	8시 45분	−63°	″
큰부리새	Tucana	The Toucan	23시 45분	−66°	″
도라도	Dorado	The Goldfish	5시 0분	−60°	″
그물	Reticulum	The Net	3시 50분	−60°	″
컴퍼스	Circinus	The Compasses	14시 55분	−63°	″
남쪽삼각형	Triangulum Australe	The Southern Triangle	16시 0분	−65°	우리나라에서 보이지 않는 별자리
공작	Pavo	The Peacock	19시 30분	−65°	″
날치	Volans	The Flying Fish	7시 50분	−69°	″
파리	Musca	The Fly	12시 30분	−70°	″
물뱀	Hydrus	Hydrus	2시 12분	−71°	″
극락조	Apus	The Vird of Paradise	16시 0분	−76°	″
테이블산	Mensa	Mensa	5시 30분	−78°	″
카멜래온	Chamaeleon	Chamaeleon	10시 32분	−79°	″
팔분의	Octans	The Octant	21시 0분	−86°	″

※ 88개의 별자리 가운데 우리나라에서 보이는 별자리는 67개, 일부가 보이는 별자리는 12개인데 대부분 남반구 하늘의 −45도에서 55도 사이에 자리잡고 있으며, 전혀 보이지 않는 별자리는 9개로서 남반구 하늘의 적위 −60도 남쪽에 자리잡은 별자리들이 대부분이다.

1, 2월의 별하늘

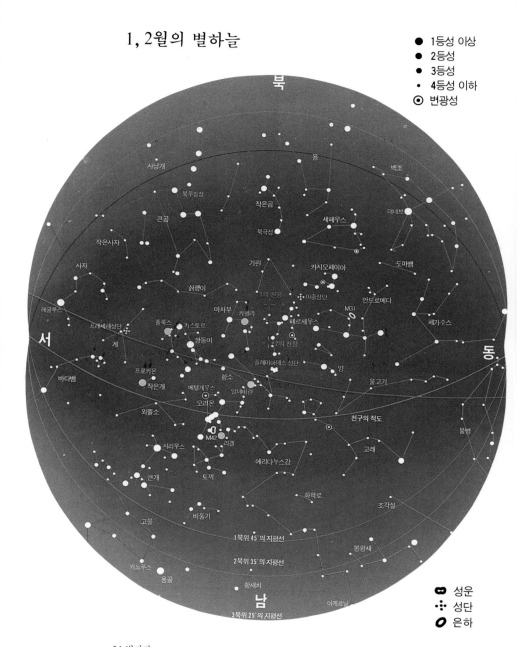

- ● 1등성 이상
- ● 2등성
- ● 3등성
- · 4등성 이하
- ⊙ 변광성

북

사냥개
북두칠성
작은곰
용
백조
데네브
큰곰
세페우스
북극성
카시오페이아
도마뱀
작은사자
기리
사자
살쾡이
마차부
카펠라
이중성단
안드로메다
M31
페르세우스
페가수스
레굴루스
폴룩스 캐스토르
프레세페성단
게
쌍둥이
플레이아데스성단
양
서   동
바다뱀
프로키온
작은개
황소
물고기
베텔게우스
외뿔소
오리온
알데바란
천구의 적도
M42
리겔
시리우스
에리다누스강
물병
큰개
토끼
고래
비둘기
화학로
조각실
고물
1북위 45°의 지평선
카노푸스
2북위 35°의 지평선
용골
봉황새
환새치
남
3북위 25°의 지평선
아케르날

● 성운
⋮⋮ 성단
𝕆 은하

겨울의 별자리 찾는 법 1등성끼리 연결시키면 W자 모양이 된다.(위)

오리온 별자리 겨울의 별자리 가운데에서 오리온 (Orion) 별자리는 과연 별자리 가운데 왕이라 할 수가 있다. 희랍 신화에 나오는 용사 모습을 엿볼 수 있다. 왼쪽은 동쪽 하늘에 솟아오른 오리온 자리를 촬영한 것이다.(왼쪽, 아래)

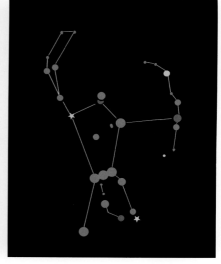

3,4월의 별하늘

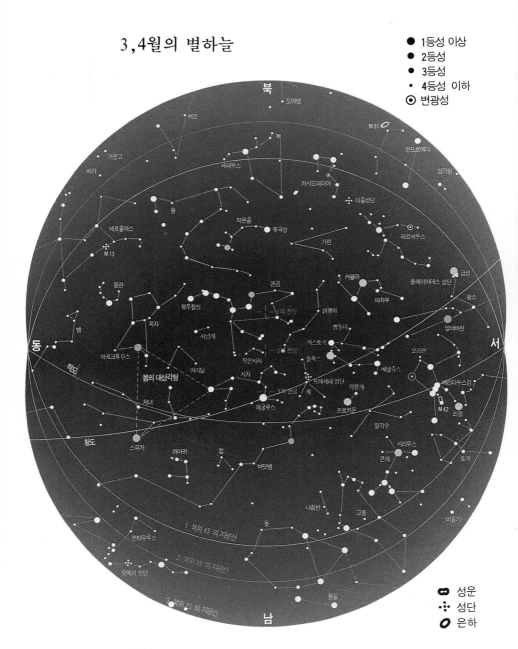

- ● 1등성 이상
- ● 2등성
- ● 3등성
- · 4등성 이하
- ⊙ 변광성

도마뱀
벽조
거문고
베가
M31
안드로메다
삼각형
세페우스
카시오페이아
이중성단
페르세우스
용
작은곰
북극성
기린
헤르쿨레스
마차부
플레이아데스 성단
금성
M13
왕관
카펠라
큰곰
황소
북두칠성
의 천칭
삵쾡이
알데바란
목자
사냥개
쌍둥이
오리온
뱀
1 의 천칭
카스토르
베텔쥬스
에리다누스강
아르크투루스
머리털
작은사자
2 의 천칭
폴룩스
프레세페 성단
M42
봄의 대삼각형
시자
3 의 천칭
게
작은개
리겔
처녀
레굴루스
프로키온
일각수
토끼
스피카
까마귀
컵
시리우스
바닷뱀
큰개
켄타우루스
1 북위 45 의 지평선
나침반
고물
비둘기
2 북위 35 의 지평선
돛
오메가 성단
3 북위 25 의 지평선
용골

북

동

서

남

적도
황도

- ☎ 성운
- ·:· 성단
- ⦰ 은하

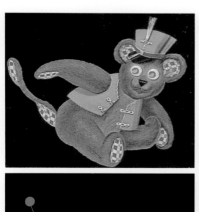

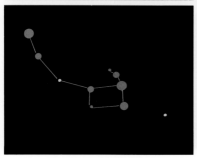

쌍둥이 별자리 왼쪽의 쌍둥이 머리에 해당하는 폴룩스와 카스트르(왼쪽 밑과 위)를 찾으면 쉽게 쌍둥이 모양을 볼 수 있다.(위)

작은곰 별자리 북극성이 자리한 별자리이다.(왼쪽 위, 아래)

처녀 별자리(오른쪽 위, 아래)

5, 6월의 별하늘

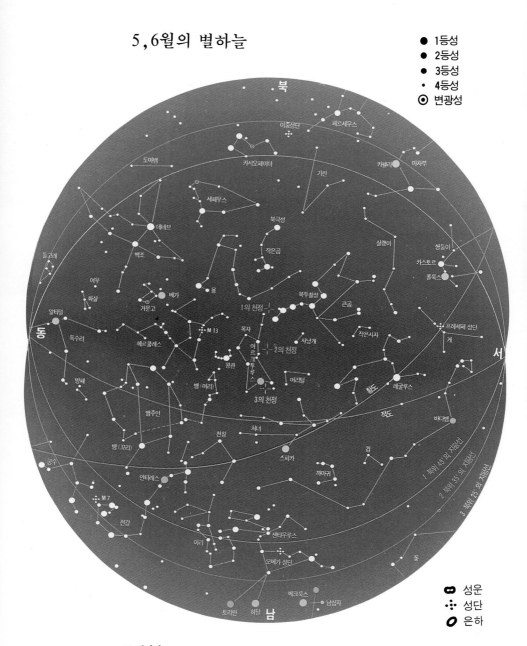

큰곰 별자리 봄의 별자리
는 특출나게 눈에 띄는
것은 없지만 북두칠성이
유명하다.

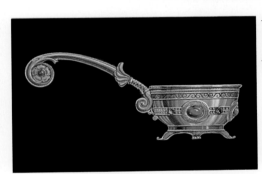

큰곰 별자리 북두칠성은 큰곰 별자리의
일부로서 가장 잘 보이는 위치에 있으며
국자 모양을 하고 있다.(왼쪽, 아래 왼쪽)
봄의 별자리 찾는 법(아래 오른쪽)

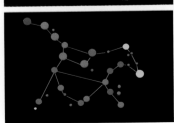

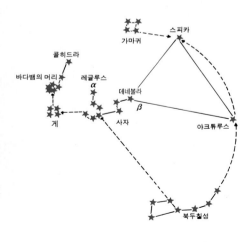

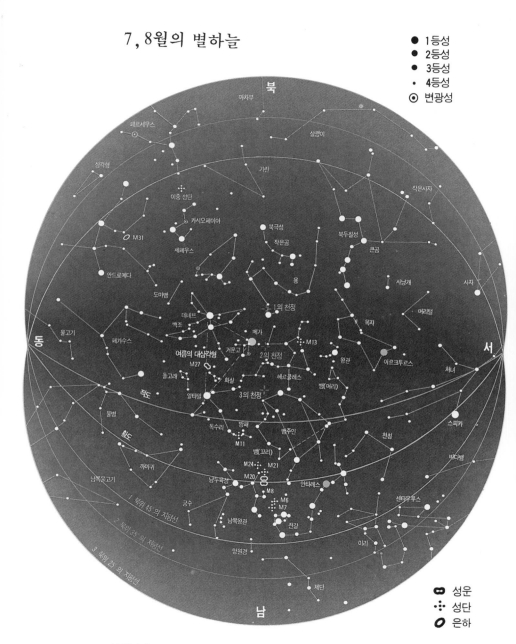

7, 8월의 별하늘

- ● 1등성
- ● 2등성
- ● 3등성
- · 4등성
- ⊙ 변광성

북

마차부

페르세우스

살쾡이

삼각형

기린

작은사자

이중 성단

카시오페이아

북극성

북두칠성

M31

세페우스

작은곰

큰곰

안드로메다

사냥개

사자

도마뱀

용

머리털

1의 천정

데네브

목자

백조

베가

거문고

M13

왕관

아르크투루스

페가수스

여름의 대삼각형

2의 천정

처녀

동

물고기

M27

헤르쿨레스

뱀(머리)

적도

돌고래

화살

3의 천정

알타일

물병

독수리

방패

뱀주인

뱀(꼬리)

천칭

스피카

황도

물병

M11

M24

M21

바다뱀

까마귀

M20

M8

인타레스

남두육성

M6

센타우루스

남쪽웅고기

M7

궁수

전갈

1 북위 45 의 지평선

남쪽왕관

2 북위 35 의 지평선

이리

3 북위 25 의 지평선

망원경

제단

남

- ☾ 성운
- ∴ 성단
- ⊘ 은하

40 별자리

여름의 별자리 찾는 법 여름에는 은하수의 장관을
구경할 수가 있다. 그 은하수 강 속에 있는 견우(알
타이르)와 직녀(베가)성의 이야기는 너무도 유명하
다. 그리고 은하수 속에서 나는 백조(白鳥) 별자리
모습도 여름을 장식하는 시원한 그림이 되며 남쪽
하늘의 전갈 별자리도 장관이다.

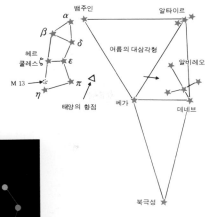

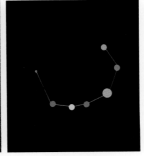

왕관 별자리

헤르쿨레스 별자리

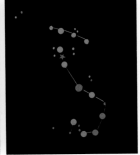

전갈 별자리

9, 10월의 별하늘

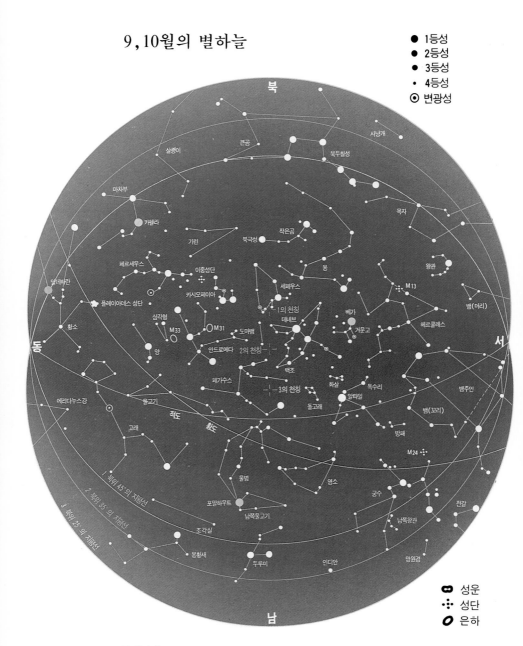

- ● 1등성
- ● 2등성
- ● 3등성
- · 4등성
- ◉ 변광성

북

사냥개
살쾡이   큰곰   북두칠성
마차부   목자
카펠라
기린   북극성   작은곰   용   왕관
페르세우스   이중성단   세페우스   M 13
알데바란   카시오페이아   베가   뱀(머리)
플레이아데스 성단   삼각형   1의 천칭   헤르쿨레스
황소   M33 M31   데네브   거문고
양   도마뱀   2의 천칭
동   안드로메다   백조   서
페가수스   화살   독수리   뱀주인
에리다누스강   3의 천칭   알타일
물고기   돌고래   뱀(꼬리)
적도   고래   황도   방패
M24
물병   염소   궁수
1 북위 45°의 지평선   포말하우트   전갈
2 북위 35°의 지평선   남쪽물고기   남쪽왕관
3 북위 25°의 지평선   조각실   망원경
봉황새   두루미   인디안

남

- ⊠ 성운
- ⠢ 성단
- ⵔ 은하

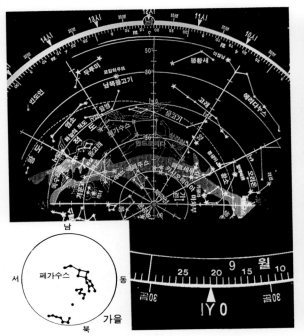

가을의 별자리   9월 21일 0시(추분)에 맞춘 가을
철의 별자리로서 가장 인기의 초점이 되는 것은
안드로메다 별자리와 안드로메다 대성운(大星
雲)이다.(위 왼쪽)
안드로메다 별자리(위 오른쪽)
물병 별자리(왼쪽 위, 아래)

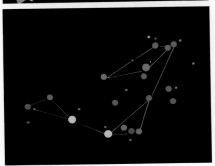

11, 12월의 별하늘

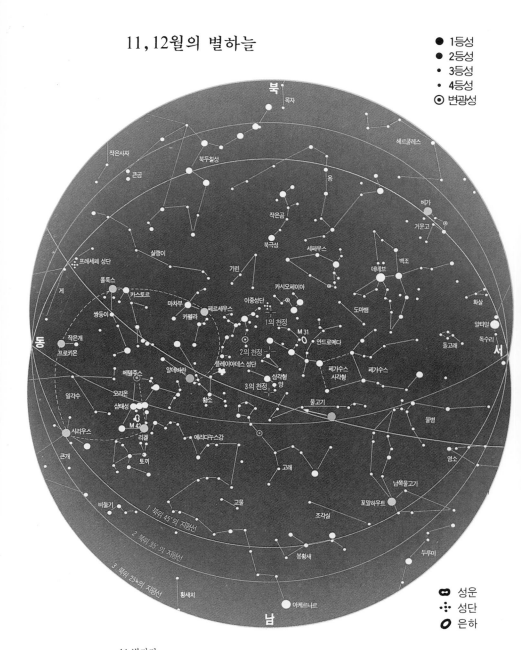

- ● 1등성
- ● 2등성
- · 3등성
- · 4등성
- ⊙ 변광성

북

목자

헤르쿨레스

작은사자

북두칠성

큰곰

용

베가

거문고

프레세페 성단

살쾡이

작은곰

세페우스

데네브

백조

게

폴룩스

북극성

화살

카스토르

미차부

기린

이중성단

카시오페이아

도마뱀

알타일

쌍둥이

카펠라

페르세우스

1의 천정

독수리

작은개

프로키온

M 31

안드로메다

돌고래

베텔주스

알데바란

2의 천정

플레이아데스 성단

삼각형

페가수스 사각형

페가수스

일각수

오리온

삼태성

황소

3의 천정

양

물고기

물병

시리우스

M 42

리겔

에리다누스강

물고기

염소

큰개

토끼

고래

남쪽물고기

비둘기

고물

포말하우트

1 북위 45°의 지평선

조각실

2 북위 35°의 지평선

봉황새

두루미

3 북위 25°의 지평선

황새치

동

서

아케르나르

남

- ⊟ 성운
- ⁜ 성단
- ◯ 은하

44 별자리

카시오페이아 별자리 북극성을 찾는
데 중요한 역할을 하는 겨울의 카
시오페이아 별자리를 촬영하였다.
(위 왼쪽, 왼쪽)

페르세우스 별자리(위 오른쪽)

태양계

    태양을 으뜸으로 하는 태양계의 신비는 20세기 후반에 들어와 아폴로(Apollo), 마리너(Mariner), 파이어니어(Pioneer), 바이킹(Viking) 및 보이저(Voyager) 등의 탐사 우주선의 맹활약으로 놀랄 만한 성과를 거둬 많은 수수께끼가 풀렸다. 그리고 멀리서만 바라보던 각 행성(行星)들의 참모습을 마치 우리가 직접 가서 보는 듯한 감격을 안겨 주었다.

수성 금성 지구 화성

목성

태양

태양계의 제원(諸元)

행성 이름	태양부터의 평균 거리(백만km)	직경(km)	하루의 길이	1년의 길이	달의 수
수성	58	4850	176일	88일	0
금성	108	12,104	2760일	225일	0
지구	149.5	12,756	1일	365일	1
화성	228	6,790	24시간 37분	687일	2
목성	778.5	142,600	9시간 50분	11.9년	16
토성	1427	120,200	10시간 14분	29.5년	17
천왕성	2870	52,000	1일	84년	15
해왕성	4497	48,000	22시간	165년	8
명왕성	5900	3,000	6일 9시간	248년	1

태양계는 태양을 비롯하여 수성(水星), 금성(金星), 지구(地球), 화성(火星), 소행성(小行星), 목성(木星), 토성(土星), 천왕성(天王星), 해왕성(海王星) 및 명왕성(冥王星) 순으로 케플러(Kepler)의 법칙에 따라 태양을 끼고 돌고 있으며, 이 밖에도 혜성(彗星)과 유성(流星)도 태양계의 가족에 속한다.

태양계의 가족과 그 상대적 크기 및 궤도의 분포

태양

　태양은 별(恒星)이다. 다만 그것이 지구에 너무나도 가까이 있기 때문에 둥근 윤곽이 보이며 뜨겁게 느껴진다.

　지구와 태양과의 거리는 1억 5천 킬로미터이다. 빛의 속도로 달리면 8분 10초 정도 걸리는 곳에 있다. 그러나 지구에 가장 가까운 별은 남반구에서 볼 수 있는 센타우루스 별자리에 있는 α성(星)으로서 빛의 속도로 4.3년이 걸리는 곳에 있으니 그 별은 태양과 지구 사이 거리의 28만 배나 되는 셈이다. 매일 시속 100킬로미터로 자동차를 타고 하루 24시간을 태양을 향해 달리면 171년이나 걸리는데 이 별까지 자동차로 간다면 4800만 년이 걸린다.

　하늘에 반짝이는 별들은 모두가 센타우루스 α성보다는 엄청나게 먼 거리에 있다. 바로 그러한 별의 하나가 태양이며 이 별은 지구에서 가장 가까이 있다.

　태양은 불덩이가 아니라 가스 덩어리이다. 핵부(核部)에서 수소(水素)의 핵 융합 형식에 따라 1초에 약 6억 톤의 수소탄이 터지는 비율로 연료 소비를 하면서 열이 표면으로 올라와 우주 공간에 발산된다.

태양의 구조

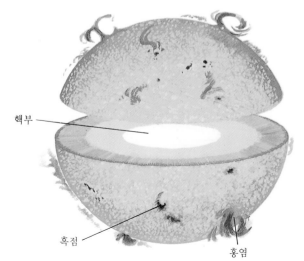

핵부

흑점

홍염

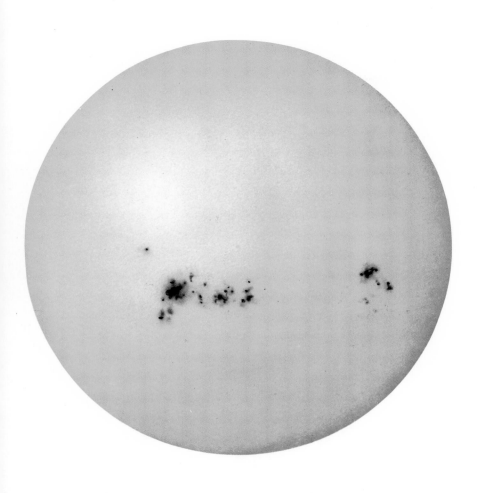

태양 불덩어리가 아닌 가스 덩어리인 태양은 지구에서 가장 가까이 있다.
검은 점은 흑점이다.

태양의 제원(諸元)

직경 : 139만 2000킬로미터(지구의 109배)

질량 : 지구의 33만 배

체적 : 지구의 130만 배

표면 온도 : 섭씨 6000도

핵부의 온도 : 약 1380만 도

적도부 자전 주기 : 25.38일

겉보기 자전 주기(적도) : 27.28일

지구와의 평균 거리 : 1억 4960만 킬로미터

태양의 은하계 공전 주기 : 2억 2500만 년

연령 : 46억 년

태양의 얼굴

태양에는 태양의 윤곽을 나타내는 광구(光球)와 채층(彩層) 및 코로나(Corona)라는 세 가지의 대기로 싸여 있는데, 채층과 코로나는 개기 일식(皆旣日蝕) 때나 볼 수가 있다.

광구에는 흑점, 플래어(flare), 홍염(紅炎) 같은 표면에 모양이 있는데 흑점은 매년 그 수의 변화를 보이며 많이 나타날 때에는 거의 200개나 헤아릴 수가 있다. 흑점의 성쇠 활동(盛衰活動)은 11년의 주기성(周期性)이 있다.

태양의 광구(光球) X선으로 본 태양의 코로나에는 검게 보이는 틈바구니가 뚫려 있다. 흰 점은 플래어이다.(옆면 위)
홍염 태양 표면으로부터 솟아오르는 태양의 폭풍으로 오른쪽의 흰 원은 지구의 크기이다.(옆면 아래)

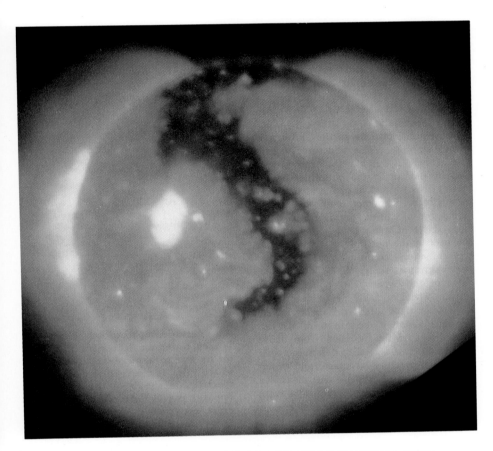

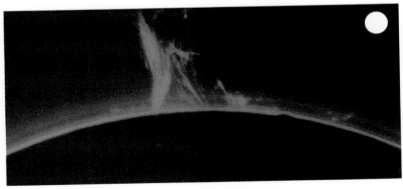

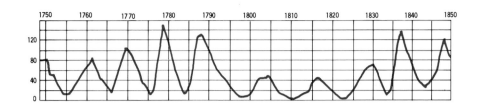

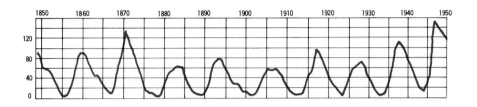

흑점 수의 관측 기록 지난 200년 동안에 관측한 흑점 수의 기록으로 11년 주기성이 뚜렷하다. 흑점이 많이 나타날 때는 비가 많이 오는데 1989년에서 1990년대에는 174개의 흑점이 관찰되었고 엄청난 비가 왔다.

흑점이 많이 나타날 때에는 비가 많이 온다. 1989년부터 1990년에 이르는 최성기(最盛期)때에는 174개의 흑점이 관찰되었는데 엄청난 비가 왔다.

플래어가 나타나면 강력한 에너지 입자(粒子)가 발산되어 그 일부가 지구의 F_2 전리층(電離層)에 구멍을 내어 그 구멍을 통해 전파(電波)가 새어 나가므로 텔레비전, 라디오 및 무전 통신 수신에 차질이 생기는 피해를 준다.

홍염은 태양의 태풍이다. 큰 규모의 것은 불꽃이 지구 크기의 10 내지 20배나 되는 화염을 태양 표면에서부터 내뿜는다.

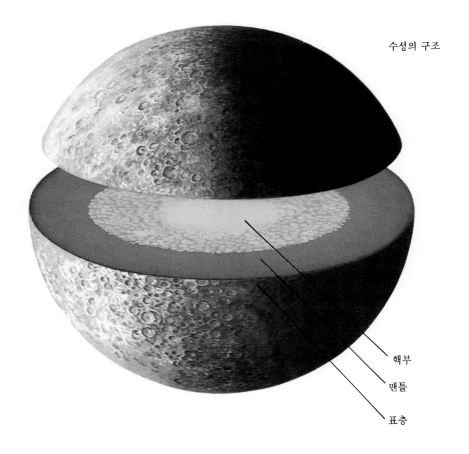

핵부

맨틀

표층

수성

수성(水星)은 태양에 가장 가까운 행성이다. 따라서 태양열을 가장 강력하게 받기 때문에 수성 대기는 다 날아가고 뜨거운 열기에 덮여 있는데 표면 온도는 350도 이상이나 된다. 중력은 지구의 0.38배이다.

수성의 핵부는 녹은 금속으로 형성되어 있으며 태양계의 행성 가운데에서 가장 밀도가 높은 탄탄한 별이다.

금성

지구와 금성(金星)의 제도상 위치 때문에 초저녁 아니면 새벽에만 제일 먼저 하늘에 나타나지만 수평선 가까이 있다가 사라지곤 한다.

크기는 지구와 거의 같지만 지구 대기에 포함되어 있는 탄산가스 밀도의 200배 가량이나 짙은 가스 대기가 약 500킬로미터의 두께로 감싸고 있어서 태양으로부터 흡수한 열이 발산하지 못하고 축적되어 온실 효과를 일으켜 금성 표면 온도는 섭씨 480도나 된다. 따라서 대기압은 지구의 91배가 된다.

금성의 내부 구조 내부 구조는 지구와 비슷하다.

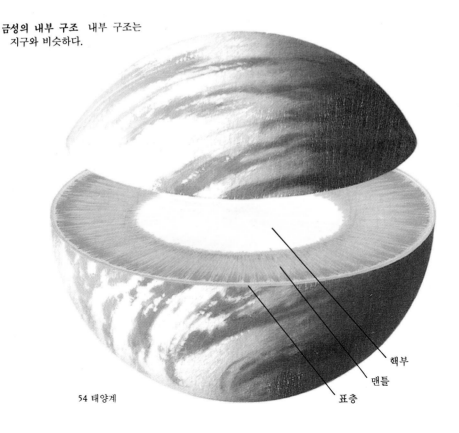

핵부

맨틀

표층

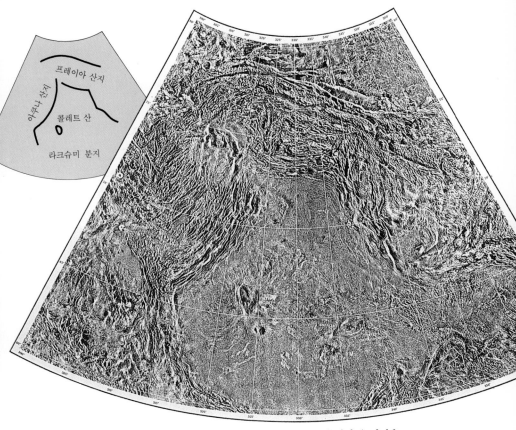

프레이아 산지

유크나 산지

콜레트 산

라크슈미 분지

금성의 북부 대륙의 얼룩진 산맥들 소련의 탐사선 베네라 15, 16호가 찍어 온 사진을 기초로 만든 산맥이다. 금성의 지각(地殼)은 운동을 하고 있는지 의문스럽다.(위)
금성의 크기와 위상 변화 금성은 망원경으로 보면 크기와 위상 변화를 관찰할 수가 있다.(아래)

지구

　지구는 24시간에 한 번씩 자전(自轉)하고 365일에 한 번씩 태양을 끼고 도는 공전(公轉)을 한다. 그런데 지구의 자전축(自轉軸)이 지구가 공전하는 궤도면에 대해 23.5도 기울어져 있기 때문에 지구에 사는 남, 북반구 지방의 사람들은 사계절의 변화를 느끼게 된다. 날아오는 열이 지구 표면에 각을 이루고 쪼일 때에는 열을 많이 받지 못하여 춥고, 거의 직각으로 태양열을 받을 때에는 뜨겁게 된다.

　지구의 공전 궤도의 위치에 따라 우리들은 봄(春分), 여름(夏至), 가을(秋分), 겨울(冬至)로 구분하였다. 지구의 자전축은 6월 21일이 되면 북극이 태양 쪽으로 기울어져 북반구에 사는 사람들은 태양열을 거의 직각으로 받아 더운 여름을 맞게 된다.

지구의 공전과 4계절

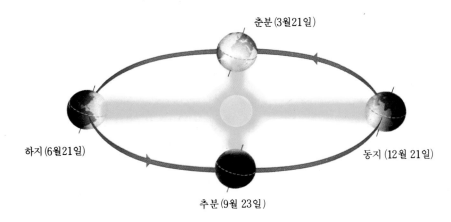

춘분(3월21일)

하지(6월21일)

동지(12월 21일)

추분(9월 23일)

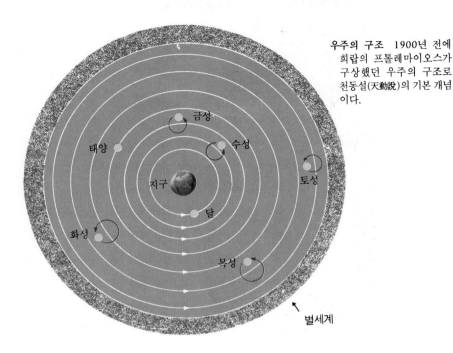

우주의 구조　1900년 전에 희랍의 프톨레마이오스가 구상했던 우주의 구조로 천동설(天動說)의 기본 개념이다.

별세계

　우리들은 지구 위에서 살고 있지만 지구가 매우 커서 그 자전 운동이나 공전 운동을 직접 느끼지 못한다. 기차나 자동차를 타고 가면 창문을 통해 밖의 경치가 이동하는 것 같고, 자신이 탄 기차나 자동차의 운동은 느끼지 못하는 것과 같이 오히려 지구는 가만히 있는데 달이나 해나 별들이 하늘을 이동하는 것같이 보이는 것이다.

　태양의 예를 보면 지구를 중심으로 마치 태양이 돌고 있는 것으로 보여서 옛날 사람들은 우주의 중심이 지구인 것으로 알고 있었다. 이것이 희랍의 천문학자인 프톨레마이오스가 내놓은 1900년 전의 천동설(天動說)의 개념이었다. 그러나 16세기에 이르러 코페르니쿠스가 내놓은 지동설(地動說)에 의해 천동설은 빛을 잃고, 오늘날 우리가 아는 우주의 개념에 돌파구가 열렸다.

지구 태양으로부터 적당한 거리에 있는 지구는 모든 생명의 보금자리이다. 옆면은 아폴로 11호 우주 비행사가 달 표면에서 지구를 바라보며 찍은 것으로 달에서는 지구가 달의 4배의 크기로 하늘에 걸려 있다.

태양으로부터 적당한 거리에 있는 지구(地球)는 모든 생명의 보금자리이다.

물이 있고 땅이 있고 구름이 있어서 생물들이 필요로 하는 물과 공기와 곡식을 제공해 준다. 게다가 태양빛도 알맞게 받아 온화한 기후 속에서 생명을 얻는 기쁨을 나누고 있지만 요사이 우리들은 지구의 고마움을 모르고 환경 파괴를 너무나 많이 했고 자연 자원을 아껴 쓰는 방법을 무시해 왔다. 늦게나마 지구 환경 보호 운동에 우리들도 적극 협력하여야겠다.

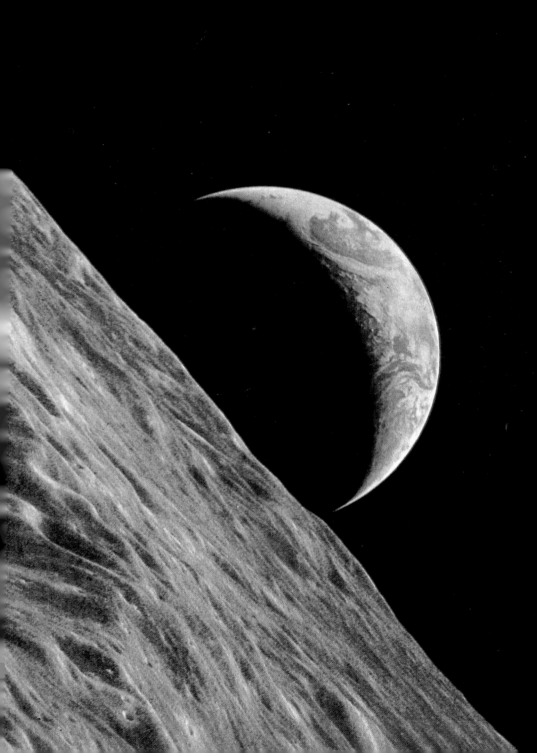

화성의 구조   화성은 아주 작은
용암 핵부를 지니고 있다.

핵부
맨틀
표층

화성

  화성(火星)은 옛날에 화성인(火星人)이 살아 있다고 생각하던
천체이다. 그러나 1976년 바이킹(Viking) 1, 2호를 미국에서 발사하
여 그곳에 계속 착륙시켜 화성의 흙을 채집해 실험해 봤더니 생물이
존재한다는 확실한 증거를 잡지는 못했지만 화성엔 지구 대기의
10분의 1 정도의 밀도밖에는 안 되지만 대기도 있고 남북극에 얼음
이 있어 얼마큼의 수분도 있었다. 거리가 멀어서 평균 화성 기온이
적도 지방만 하더라도 −28도이지만 인간이 절대로 살 수 없는
조건은 아니다. 그래서 2020년대엔 화성에도 인간이 정착하기 위한
도시 건설 사업이 시작되며 2050년대엔 제2의 지구 구실을 하게
될 것이라 추측한다.

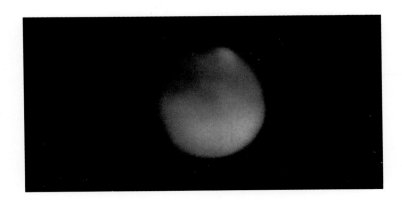

화성 지상 망원경으로 볼 수 있는 화성은 가장 좋은 조건에서도 이 정도밖엔 관찰할
수가 없다.(위)
화성의 사막 풍경 바이킹 1호가 화성에 착륙하여 찍어 보낸 화성의 사막 풍경으로
우리의 높은 과학 기술을 보여 준다.(아래)

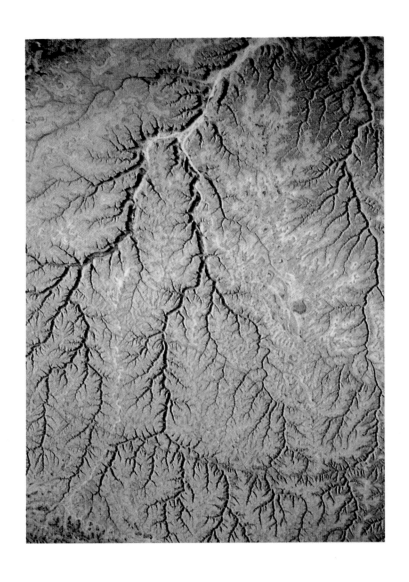

하천 자리 바이킹 탐사선이 찍어 보낸 화성의 요르단 지방에 있는 나무 뿌리같이 뻗은 하천(河川) 자리인데 지금은 물이 없다.

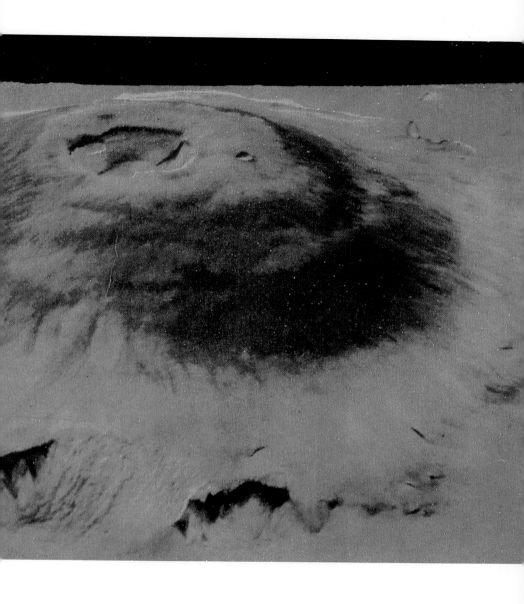

올림포스 산(Olympos Mons)　화성에 있는 태양계 최대의 화산으로 높이가 27킬로미터로 지구의 가장 높은 산인 에베레스트 산보다 3배나 높다.

목성

목성(木星)은 지구보다 11배나 큰 행성이다. 이 별은 아마추어가 가장 즐겨 보는 별의 하나인데 작은 망원경으로도 한 줄로 나열된 목성의 달을 볼 수 있다.

목성에 보이저(Voyager) 1, 2호를 보냄으로써 놀랄 만한 사진을 찍었다. 암모니아와 메탄가스로 덮인 표면은 시시각각으로 변하는 것을 직접 눈으로 볼 수가 있다.

목성은 너무나도 커서 탄생 당시에 태양과 같이 그대로 빛을 내는 별이 될 뻔하다가 질량이 모자라 태양이 못 되었다. 목성이 제2의 태양 구실을 했더라면 생명의 별은 지구말고도 더 많이 생겼을 것이다. 화성, 토성이 진짜 'E.T'가 사는 별이 될 수도 있었는데 그렇게 되지는 못하고 표면 온도 −160도의 차가운 별이 되었다. 목성에는 얇은 고리가 있는 것도 발견되었다.

목성의 구조 목성은 주성분이
가스나 액체로 되어 있다.

핵부

금속 수소

액체 수소

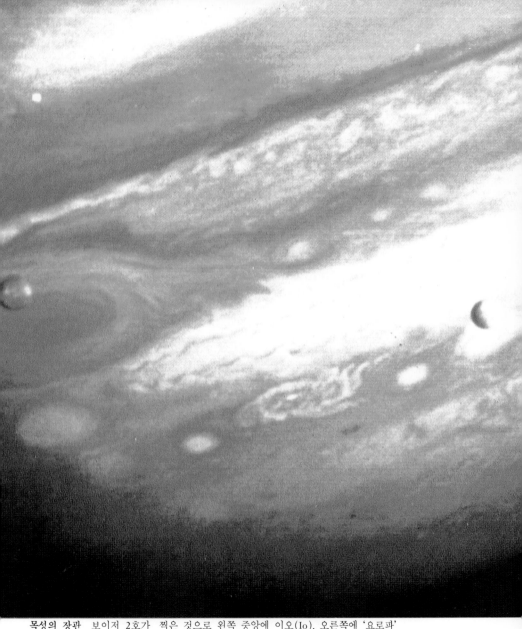

목성의 장관　보이저 2호가 찍은 것으로 왼쪽 중앙에 이오(Io), 오른쪽에 '요로파'
란 이름의 달이 보인다. 목성 본체의 왼쪽에는 지구의 5배나 되는 대적반(大赤斑)이
보인다.

목성 보이저 탐
사선이 찍은
것으로 오른
쪽에 목성의
달 이오가 보
인다.

**목성에 있는 띠
(고리)**

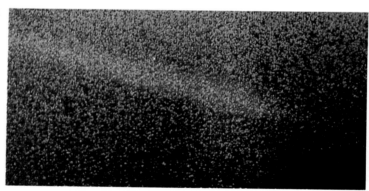

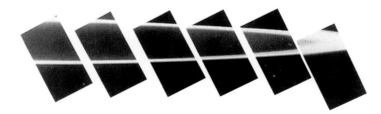

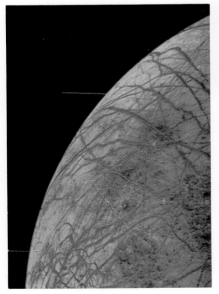

이오(Io)　16개 달 가운데서 유일
　하게 활화산(活火山)을 갖고
　있는 달 이오(Io)의 모습으로
　화구로부터 이산화유황(二酸化硫
　黃)의 용암이 흘러나와 있는
　것이 보인다.(위)
망상(網狀)의 무늬가 있는 유러파
　(Europa)(왼쪽)

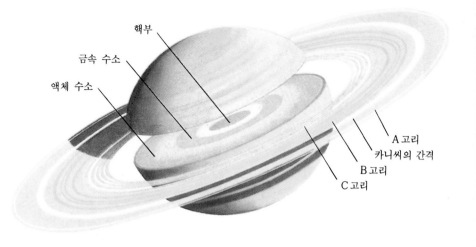

핵부

금속 수소

액체 수소

A 고리
카니씨의 간격
B 고리
C 고리

토성의 구조 지구의 9배나 되는 이 별은 아름다운 고리를 달고 있다.(위)
보이저 1 호 토성을 지나가며 탐사하고 있다.(옆면)

토성

　목성과 같이 아마추어가 즐겨 관측하는 행성은 토성(土星)이다.
토성의 본체는 지구의 9배나 되는데 이 별은 너무나도 아름다운
고리를 달고 있다. 고리의 크기는 지구의 21배가 넘는다. 표면 온도
는 −180도로 거의가 얼음 덩어리로 되어 있으며 밀도가 0.74이기
때문에 크기는 지구의 9배이지만 물에 띄우면 둥둥 뜬다.
　보이저 탐사선의 조사에 따르면 고리는 수천 개의 고리가 마치
LP레코드판 위의 줄무늬같이 꽉 차 있으며 그것은 주먹 크기에서부
터 1미터 크기의 얼음 덩어리라는 것도 알아냈다. 또한 달의 수가
24개나 된다.

토성의 장관 보이저 1호가 촬영한 모습이다.(위)

토성의 고리 상상을 넘는 호화롭고 장엄한 광경의 토성 고리이다. 마치 우주의 LP
레코드같이 보인다.(옆면)

토성의 고리 토성의 고리에 가까이 가면 그것은 무수한 작은 얼음 덩어리의 집단임을
알 수 있다.(위)
타이탄(Titan) 태양계의 달 가운데에서 유일하게 대기(大氣)가 있다고 하여 주목되는
달이다.(아래)

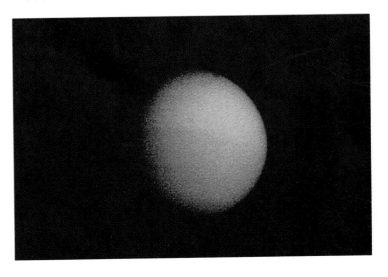

미마스(Mimas) 토성은 17개의 달들을 거느리고 있는데 그 가운데 미마스는 온통
 분화구로 덮여 있는 것이 특징이다.(위 왼쪽)
레아(Rhea) 토성의 달 레아에는 얼음이 덮여 있다.(위 오른쪽)
이아페스트(Iapest) 이것은 밝고 어두운 부분으로 나뉘져 있다.(아래 왼쪽)
디오네(Dione) 여기에는 유성이 표면에 떨어진 자국이 많이 있다.(아래 오른쪽)

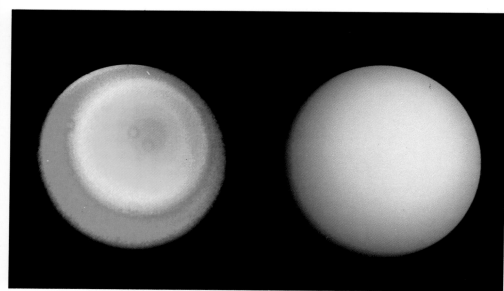

천왕성 미끈한 표면을 가진 별로서 옆면은 천왕성의 15개의 달 가운데 하나인 티타니아(Titania)에서 천왕성을 바라본 광경이다. 천왕성의 자전축(自轉軸)은 태양에 향해 거의 90도로 기울어져 있다.

천왕성

목성, 토성을 탐사한 보이저 우주선은 비행을 계속하여 지구를 떠난 지 8년 6개월 만에 50억 킬로미터의 대여행 끝에 1986년 천왕성(天王星)에 도달했다.

미끈한 표면을 가진 천왕성에는 지난 1977년 3월에 미국의 코넬 대학 교수인 엘리옷 박사가 망원경으로 SAO 58687이란 별이 천왕성한테 가리워지는 현상을 관측하다가 간접적으로 발견한 것이었는데 보이저가 가까이 가 보니 5개의 고리가 있을 것으로 보였던 천왕성은 11개의 고리가 있음이 발견되었고 달도 무려 15개나 됨을 발견하였다.

천왕성의 고리 밝은 줄무늬 9개가 찍혀 있다.

1985년에서 2059년 동안의 천왕성 운동과 태양과 지구로부터 본 모습

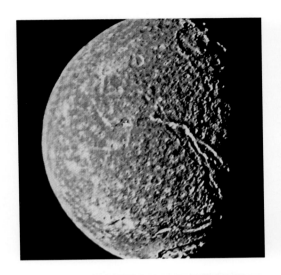

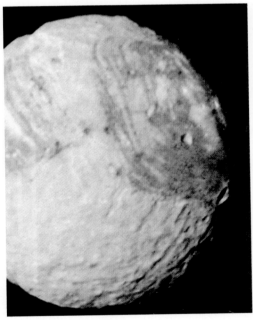

티타니아(Titania) 3만 6900킬로미터 상공에서 본 천왕성의 달로서 직경 1600킬로미터이며 깊은 계곡이 인상적이다.(위 왼쪽)

움브리엘(Umbriel) 직경 1110킬로미터의 어두운 달이다.(위 오른쪽)

미란다(Miranda) 어떤 곳은 손가락으로 마구 긁은 것 같고, 어느 곳은 미끈한 굴복이 약간 있는 분화구밭으로 된 곳도 있어 복잡한 구조를 가졌다.(왼쪽)

해왕성

　지구를 떠난 지 12년, 71억 킬로미터의 엄청난 대여행 끝에 보이저 2호는 드디어 해왕성(海王星)에 이르렀다.

　거대한 검은 반점(斑点)이 발견되었고 새로이 6개의 달과 5개의 고리도 찾아냈다. 보이저는 2만 매나 되는 사진을 계속 보내 왔고 그 밖의 물리 탐사의 정보를 보내면서 태양계의 행성 탐사의 마지막 임무를 성공적으로 완수했다.

해왕성　보이저 2호가 찍어 보낸 모습이다.(오른쪽)

해왕성　보이저 2호가 보내 온 또 하나의 해왕성 모습으로 여기에는 큰 반점이 보인다. 그 주위의 구름도 뚜렷하다.(아래)

가느다란 해왕성의 고리
(왼쪽)
트리톤(Triton) 해왕성의
달을 가까이서 찍었다.
이 사진의 가로의 길이는
약 100킬로미터이다.
(아래)

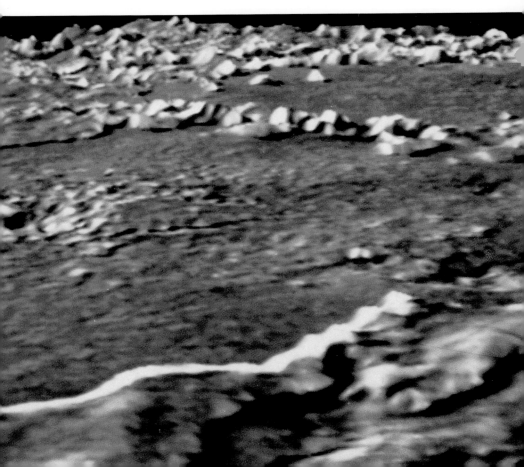

명왕성

　명왕성(冥王星)은 태양계 가운데 가장 외곽을 도는 행성이다. 크기는 지구의 4분의 1 정도이니 지구의 달 정도 크기가 된다.
　태양으로부터 너무나 멀리 떨어져 있어서 태양열의 영향을 못받아 −200도가 된다. 메탄가스의 대기가 있을 것으로 보이나 보이저는 여기까지는 위치상의 사정으로 가 보지 못했다. 태양으로부터의 거리는 59억 킬로미터, 그런데 해왕성과 공전 궤도가 교차되는 시기가 있어 1979년에 해왕성 궤도의 안쪽으로 들어와 1999년까지는 해왕성보다는 명왕성이 태양에 가까운 위치에 있게 된다.

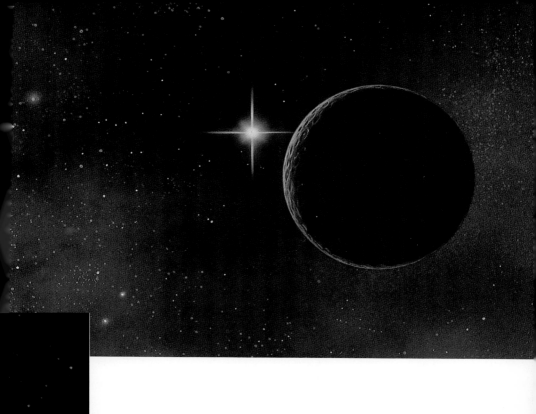

명왕성 암흑의 우주 공간 속에 떠 있는 명왕성이다. 태양은 하나의 밝은
별같이 보인다.(위)
상상도 명왕성에 매달려 있는 '카론'이란 달에서 명왕성을 바라다본 광경
의 상상도이다.(왼쪽)

달

　인간 역사를 통해 밤하늘에 떠오르는 달(月)은 지구의 유일한 벗이 되어 왔다 해도 과언이 아니다. 또한 인간 문화와 정서 생활에도 결정적인 역할을 했다 해도 틀리지는 않을 것이다.

　달은 직경이 3476킬로미터(지구의 4분의 1)이지만 질량은 지구에 비해 12퍼센트밖에 되지 않는다. 거리는 평균 약 38만 킬로미터 되는 곳에 있으며 29.53일에 걸쳐 달의 위상(位相) 변화를 보여 준다.

　한편 월식(月蝕)이라 하여 달이 지구의 그늘 속에 들어가면서 일어나는 현상이 생긴다. 곧 하늘의 만달(滿月)이 시시각각으로 검은 그림자에게 먹혀 들어가다가 나중에는 아예 자취를 감췄다가 다시 제 모습을 나타내는 것이다.

　이 달은 드디어 1969년 7월 21일에 인간이 상륙을 했다. 지금까지 달에 6번 다녀왔으며 앞으로 달은 관광 여행의 대상이 될 뿐만 아니라 주요한 지하 자원 공급처가 될 것이다. 또한 그곳이 또 하나의 인간이 사는 천체가 될지도 모른다. 월세계 도시 계획은 2020년에 실현하기 위하여 활발히 검토되고 있는 실정이다.

월식(月蝕)

시일	식심(蝕甚)시간 (GMT)	식 기간 (분)	식 종류	볼 수 있는 장소
1991. 12. 21.	10:33		부분	태평양, 미국
1992. 6. 15.	04:58		부분	아프리카, 아시아, 호주
12. 9.	23:45	74	개기	유럽, 아프리카
1993. 6. 4.	13:01	98	개기	호주, 동아시아, 태평양
11. 29.	06:27	50	개기	미국, 남미, 태평양
1994. 5. 25	03:32		부분	미국, 남미, 대서양
1995. 4. 15.	12:16		부분	아시아, 미국, 호주

달의 앞면과 뒷면　위는 지구를 향하고 있는 달의 앞면이고 아래는
달의 뒷면으로 평야 는 하나도 없고 화구 모양 투성이다.

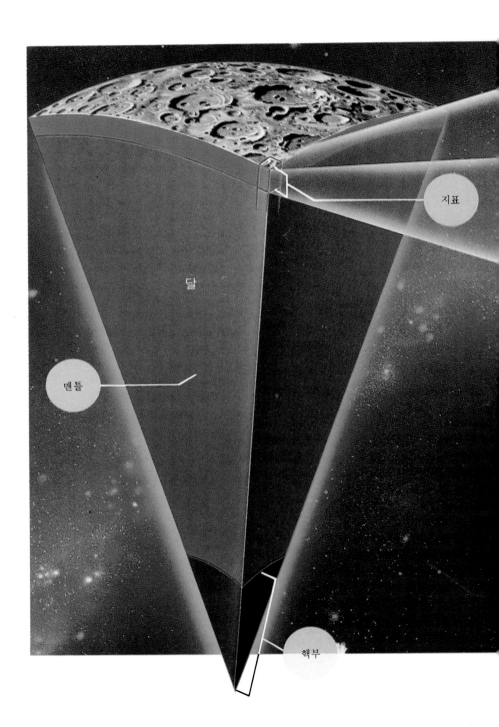

지표

달

맨틀

핵부

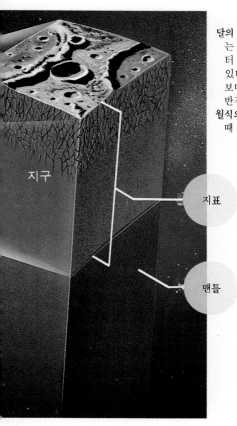

달의 내부 구조와 지구와의 비교 달의 지표는 약 60킬로미터인데 어떤 곳은 20킬로미터 깊이까지 운석 충돌로 금이 간 곳이 있다. 핵부는 주로 금속이 녹은 상태로 보며 약 400킬로미터 정도가 된다. 달의 반경은 1740킬로미터이다.(왼쪽)
월식의 원리 달이 지구의 그늘 속에 들어갈 때 월식 현상을 볼 수가 있다.(아래)

지구

지표

맨틀

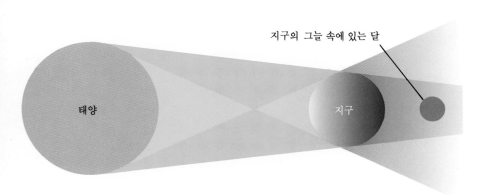

지구의 그늘 속에 있는 달

태양

지구

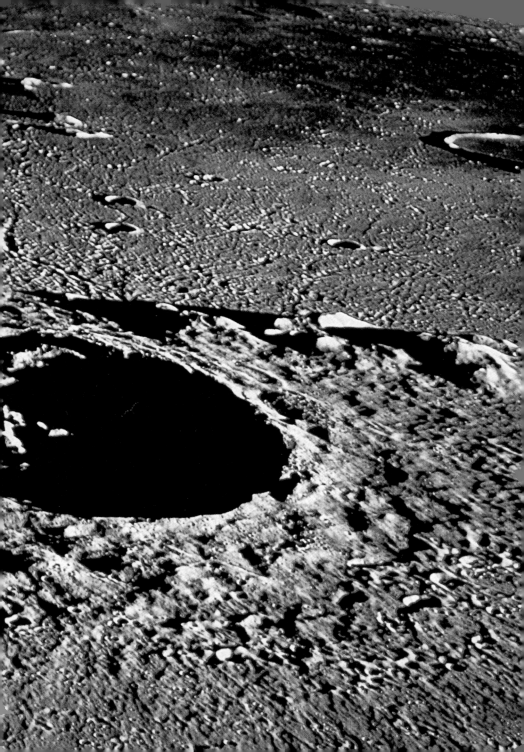

달 인간은 드디어 달에 가는 준비를 하기 시작했다.(옆면)
1967년 7월 21일, 아폴로 11호는 인류 사상 최초로 달 위에 사람을 보내는 데 성공
했다.(위)
우주 기지 2020년부터 달에 인간이 살 수 있게끔 기지(基地)를 만들 계획을 하고
있다.(아래)

핼리(Halley) 혜성 하늘을 3분의 1이나 가렸던 1910년에 모습을 보인 혜성이다.

혜성

예전에 사람들은 혜성(彗星)이 나타났다 하면 모두가 공포에 떨었다. 혜성이 하늘에 나타날 때를 전후하여 꼭 큰 전쟁이 있었다든가 홍수 등 그 밖의 재난을 겪었기 때문이다. 그러나 영국의 천문학자인 에드먼드 핼리가 혜성도 주기적으로 태양을 찾아오는 태양계 가족의 하나라는 것을 연구, 발표한 뒤부터는 그 신비로움과 특이한 모습을 마음놓고 감상할 수가 있게 되었다. 핼리가 예언한 혜성의 회귀(回歸)가 1758년에 증명되어 76년마다 지구를 찾아오는 이 큰 혜성을 그의 이름을 따서 '핼리 혜성'이라 부른다. 1986년에도 이 핼리 혜성은 그 모습을 나타냈다.

혜성은 가스와 먼지를 뿜어내는 핵 중심부와 그것을 둘러싼 코마(Coma), 분출된 가스와 먼지가 태양 광선의 압력에 밀려나 보여

웨스트(West) 혜성 1976년 봄에 나타났던 혜성이다.

주는 꼬리 부분으로 되어 있다. 어떤 것은 지구와 태양과의 거리보다 더 긴 것이 있었는데 1843년 및 1680년에 나타났던 혜성들이 바로 그것이었다.

핼리 혜성의 꼬리는 약 1억 킬로미터나 된 적이 있었다.

1986년에는 76년 만에 핼리 혜성이 지구에 접근해 왔다. 유럽, 소련, 일본은 탐사선을 띄워 이 혜성을 요격하여 핵(核) 깊숙이 뚫고 들어가는 데 성공했다. 그리고 이 혜성의 정체를 밝혀 내는 데 성공한 것이다.

허마선(Humason) 혜성 1961년 나타난 혜성이다.(위)
핼리 혜성 모형 유럽 기구의 지오또(Giotto)호는 혜성
행부에 돌진하여 600킬로미터까지 접근하는 데 성공
하여 사진을 찍었다. 그것을 토대로 핼리 혜성의 모형
이 만들어졌는데 길이 15킬로미터, 폭 8킬로미터로
측정되었다. 사진은 혜성의 10000분의 1 모형이다.
(오른쪽)

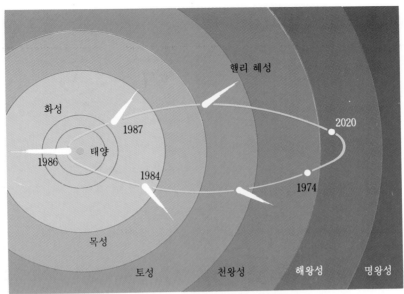

헬리 혜성의 궤도와 위치   1986년에 태양을 끼고 돌아간 헬리 혜성이 다음엔 2062
년에야 지구를 찾아온다.(위)
헬리 혜성의 구조   핵의 크기는 길이 15킬로미터, 폭 8킬로미터, 질량 1000억 톤이
다.(아래)

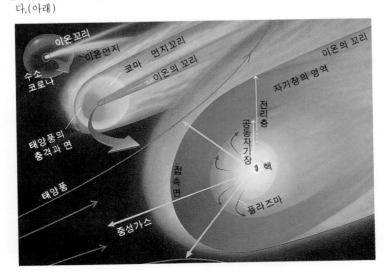

유성

산이나 바다에서 등불을 멀리한 곳에 자리잡고 밤하늘을 쳐다 보노라면 소리없이 별이 줄을 직선으로 그리며 순식간에 반짝이며 날아가다가 없어지는 것을 본다. 우리들은 "별똥 싼다!"라고 하지만 바로 이것이 유성(流星)이다.

지구가 태양을 끼고 도는 운동을 하는데 옛날에 많은 혜성들이 우주 공간에 버리고 간 흙과 돌덩어리들을 치고 지나가면 그것들이 지구 대기에 들어와 속도가 빨라지기 때문에 마찰열이 생겨서 타버리는 순간에 우리들은 유성으로 보는 것이다. 아주 큰 것은 화구(火球)라 하여 대포 소리 같은 소리를 내면서 나르는 흔적까지 보여 준다.

유성 가운데에는 대기에서 다 타지 않고 그대로 남아 지구 표면에까지 낙하하는 것이 있는데 이것을 운석(隕石)이라 부른다. 운석이 떨어져 큰 구멍을 낸 곳을 운석구(隕石口)라 한다.

지구는 하루에도 수백만 개의 먼지와 돌덩어리들과 부딪치지만 거의 모두가 어두워서 우리가 보지 못할 뿐이다. 아주 밀집된 돌덩이군(群)에 들어갈 때가 1년에 몇 번 있는데 이때는 유성이 비가 오는 것처럼 보인다 해서 유성우(流星雨)라고 한다.

유성우 1966년 11월 사자 별좌에서 비 같이 쏟아지는 유성우 (流星雨)이다.

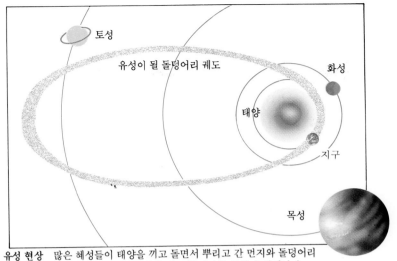

유성 현상 많은 혜성들이 태양을 끼고 돌면서 뿌리고 간 먼지와 돌덩어리
들이 떠 있는 곳을 지구가 지나가기 때문에 이러한 현상이 일어난다.

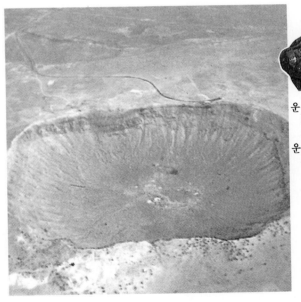

운석 유성이 다 타지 않고 지상까
지 낙하해 온 운석(금속으로 된
것도 있다)이다.(위)
운석구 5만 년 전 미국 아리조나
주(州)에 세계 최대의 100만 톤짜
리의 운석이 낙하였다고 한다.
직경은 1300미터이다.(왼쪽)

화성(火星)과 목성(木星)의 궤도 사이에는 옛날에는 빈 공간인 줄 알았다. 독일의 티티우스라는 사람이 1772년에 고안해 낸 수열(數列)에서 무엇인가가 화성과 목성 궤도 사이의 2.8천문 단위쯤 되는 위치에 있을 것이라고 했다. 보데도 티티우스의 설(說)을 열심히 홍보한 결과 약 30년 뒤인 1801년 1월 1일, 이탈리아의 시칠리아 섬에서 관측하고 있던 빼앗치가 달의 5분의1 가량 되는 천체를 드디어 발견해 냈다. 이것이 바로 오늘날 2000여 개나 발견된 수행성 가운데 가장 큰 별이었는데, 시칠리아 섬의 여신(女神)인 세레스(Ceres)의 이름을 땄다.

소행성(小行星)은 이름 그대로 불규칙적인 모습을 한 데다가 작은 것은 주먹만한 것으로부터 큰 것은 직경이 1020킬로미터나 되는 세레스까지, 아마도 수억 개가 밀집하여 태양을 끼고 돌고 있을 것으로 보지만 어떻게 해서 그렇게 만들어졌는지에 대한 답은 얻지 못하고 있다.

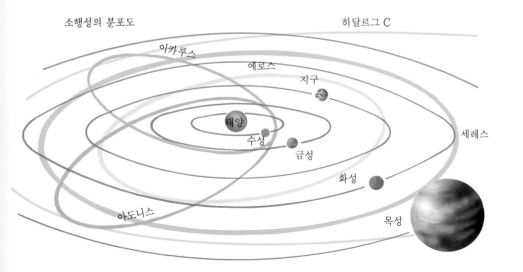

소행성의 분포도   히달르그 C

이카루스

에로스

지구

태양

수성

금성

화성

세레스

아도니스

목성

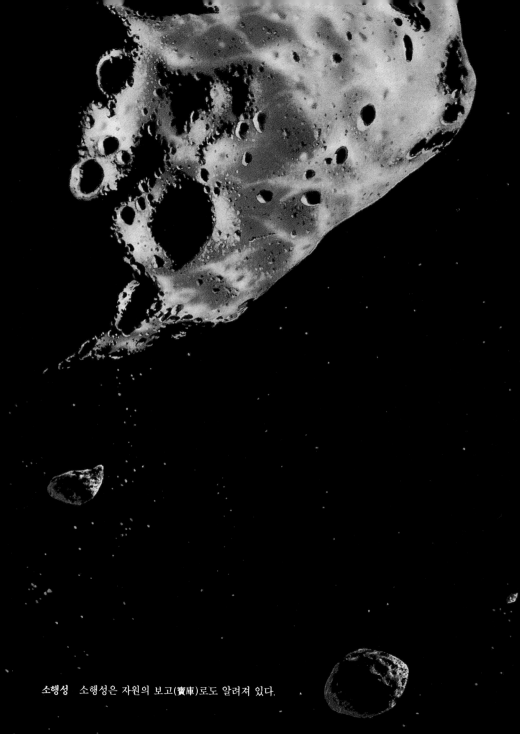

소행성   소행성은 자원의 보고(寶庫)로도 알려져 있다.

소우주, 대우주

    방대한 우주 공간에는 별들만이 분포되어 있는 것은 아니다. 가끔 희미한 구름 같은 것들이 망원경으로 보면 눈에 아롱거리는데 보다 더 강력한 큰 망원경을 갖고 관찰하면 그것이 바로 별들의 온상(溫床)인 것도 있고 별들이 최후로 남긴 잔해(殘骸)에도 부딪치게 된다. 이것들을 우리들은 성운(星雲, Nebula)이라 부른다.

    이것을 엄청나게 더 큰 망원경을 통해서 보면 어떤 구름은 단순한 가스 구름이 아니라 하나의 독립된 우리의 태양계가 속해 있는 은하계(銀河界)라는 것과 같은 외계(外界)의 소우주(小宇宙)임을 알 수 있다. 물론 이것은 20세기에 들어서야 발견한 것이다. 이 발견으로써 우주 구조에 관한 지식이 비약적으로 발전되었다.

    우리의 태양계와 눈에 보이는 별들은 서로 약 5광년의 거리(빛이 5년을 걸려 가는 거리)를 유지한 채로 2000억 개의 별들이 원반(圓盤) 모양으로 분포되어 있으며 그 직경은 약 10만 광년, 두께는 2만 광년이나 되며 별들 사이엔 수소 구름도 떠 있고 성단들도 끼어 있다. 우리 태양계는 이 별의 집단 중심으로부터 밖으로 반경의 3분의 2쯤 되는 곳에 자리잡고 있다. 이러한 엄청난 별들의 집단을

안드로메다(Andromeda) 은하계　우리의 은하계에서 가장 가까운 곳에 있는 소우주이다.

은하계(銀河界)라 부르며 하나의 소우주를 형성하고 있다.

우주는 이러한 소우주가 서로 200만 광년의 거리를 유지하면서 1000억 개나 분포되어 있다. 또 하나 놀라운 것은 그 은하계 전체가 우리 은하계를 중심으로 8방으로 날아가고 있을 뿐만 아니라 보다 멀리 있는 은하계일수록 더욱 빠른 속도로 비산(飛散)하고 있는데, 이 모두를 합친 것을 대우주(大宇宙)라 하며 그 규모는 반경이 약 200억 광년으로 보고 있다.

성운(星雲)

우리 은하계에는 아직도 풍부한 수소 구름이 있어 계속 별들이 탄생하고 있다. 아주 대규모의 구름으로부터는 거성(巨星)들이 탄생하고 적당한 양의 구름으로부터는 태양 같은 크기의 별들이 그리고 아주 작은 것으로부터는 꼬마별들이 탄생하고 있다.

가스 구름

1054년에 대낮에도 보이는 별이 나타났다. 지금은 그 자리가 게같이 생겼다 해서 게(Crab) 성운이라 이름이 붙은 성운이 보인다. 이것이 바로 그때 나타난 초신성(超新星)이 폭발하여 날려 버린 대기를 어느 날에 우리들의 눈에 성운으로 보이는 것이다. 지금도 계속 맹속도(猛速度)로 팽창하고 있다. 폭발하여 환상(環狀)으로 날아가는 대기를 보여 주는 성운도 있다. 이 모두가 우리의 은하계 속에 있는 성운들이다.

게(Crab) 성운 1054년에 나타난 초신성이 폭발한 잔해이다.

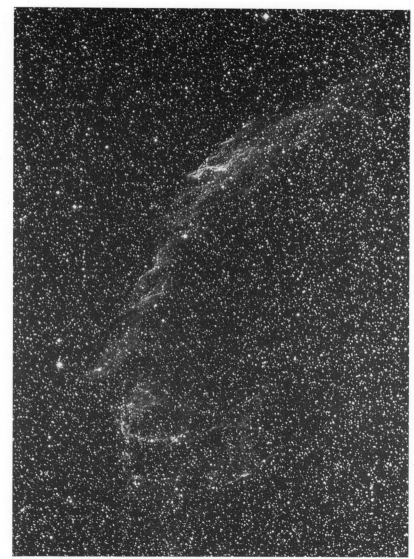

베일(Veil) 성운   머리에 쓰는 베일같이 생긴 백조 별자리에 있는 성운이다.

아령 성운(M27) 여우 별자리에 있는 아름다운 성운이다.

진귀한 성운들

성운 가운데에는 여러 가지 재미있는 모습의 것도 있다. 성운 속에 별들이 있어서 발광하는 성운 또는 검은 성운 뒤에 별들이 있어서 검게 부각해 보이는 성운 등이 있는가 하면 성운 자체가 장미꽃, 북(北)아메리카 대륙이나 마두(馬頭)같이 생긴 성운들이 있어서 각각 그렇게 이름을 붙여 부르고 있다.

북미주(北美洲) 성운 북(北)아메리카 대륙같이 보이는 성운으로 여름의 백조 (白鳥) 별자리에 있다.

마두(馬頭) 성운 오리온(Orion) 별자리에 있는 성운이다.

외계 은하계

우리 태양계가 속해 있는 은하계(銀河界)의 구조는 앞에서 소개했거니와 이 한 개의 은하계엔 1000억 내지 2000억 개의 별들로써 구성되어 있다고 했지만 이와 비슷한 은하계가 우주 속에 적어도 1000억 개는 있다고 보고 있다. 그리고 은하계의 모양도 여러 가지 형태를 하고 있음을 알았다.

우리 은하계에 가장 가까이 있는 외계 은하계는 안드로메다 (Andromeda) 은하계로서 200만 광년의 거리에 있지만 이러한 간격을 두고 각색의 은하계들이 산재하고 있는 것이다.

미국의 에드윈 허블(Edwin Hubble)은 윌슨 및 팔로마 천문대의 250센티미터와 500센티미터 망원경을 구사하여 외계 은하계를 관측, 연구하여 분류하였다.

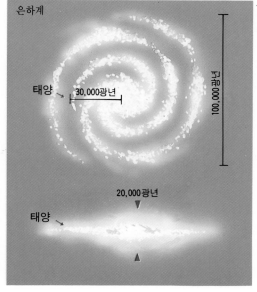

은하계

태양 30,000광년

100,000광년

20,000광년

태양

은하계 구조 위는 위로 본 구조이며 밑그림은 옆으로 본 구조이다. 마치 소용돌이 모양을 하고 있다.

허블(Hubble)에 의한 은하계의 분류 양식

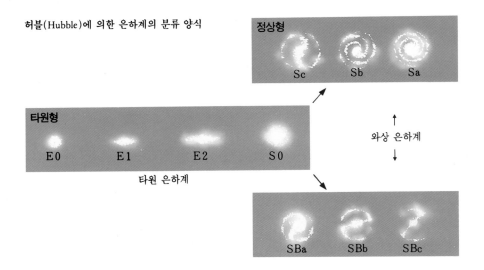

정상형

Sc Sb Sa

타원형

E0 E1 E2 S0

타원 은하계

와상 은하계

SBa SBb SBc

월풀(Wirlpool) 은하계
(M51) 와상 은하계
로서는 처음으로
발견된 은하계이다.

외부 은하계 외부 은하계의 하나인 NGC 4565의 옆모습을 찍은 사진이다. (위)
핀휠(Pinweal) **은하계** 와상 은하계(M33)로서 삼각자 별자리에 있다.(아래)

X선과 적외선 및 전파를 방사하는 천체

과학 기술의 발달에 따라 새로운 관측 기기가 등장하는데 광학
(光學)적 영역을 넘는 보다 긴 파장(波長)의 전파(電波)를 발산하는
천체뿐만 아니라 X선마저 방사하는 천체가 있음을 발견한다. 이에
대한 대규모적인 관찰을 위해 다양한 연구 기기를 지상에도 세우고
인공 위성 궤도에도 태웠다.

이 결과로 우리 은하계의 구조를 더욱 상세하게 알 수가 있었고
외계 은하계의 특징도 알 수가 있었고 광학 망원경으로는 볼 수가
없었던 새로운 천체들을 많이 발견하였다.

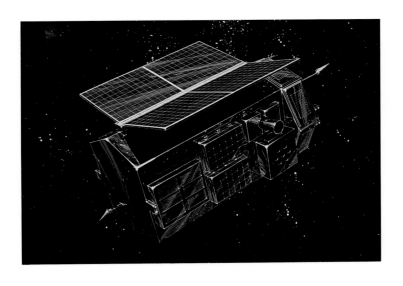

HEAO-2호 미국이 위성 궤도에 발사한 X선 전용 관측선으로 안드로메다 은하계의
X선 사진을 처음으로 찍었고 700개나 되는 X선원을 발견해 냈다.

전파 망원경　세계에서 제일 큰 완전 가동형 전파 망원경(서독)으로 직경이 100미터나 된다.

펄서(Pulser)

1968년 영국의 천문학 전공의 여자 대학원 학생이었던 조셸린 벨이 전파 망원경으로 정확히 1.3373초의 주기로 전파를 내뿜는 300광년의 거리에 위치한 이상한 천체를 발견했다. 그래서 이것을 펄서라 이름을 지었는데, 연구 끝에 이 천체가 바로 이론적으로만 알려졌던 중성자성(中性子星)이었음을 알았다.

중성자성이란 태양의 10 내지 7배의 무게가 되는 별들이 자신의 일생이 끝날 무렵엔 남은 중심의 핵부분이 일방적으로 수축되어 그 여세로 원자의 전자 궤도가 부서지고 원자핵끼리 모이면서 나중에는 원자핵까지 녹아서 중성자만의 별이 된다. 이렇게 해서 그 별의 크기가 10킬로미터 정도의 크기로 압축되었을 무렵에는 1입방센티미터의 밀도가 수억 톤이나 되는 별이 되는 것이다.

중성자성 이것은 한 방향으로만 강력한 빛을 내며 초고속으로 회전한다. 이 때문에 지구에서는 마치 빠른 주기로 명멸(明滅)하는 변광성같이 보인다.

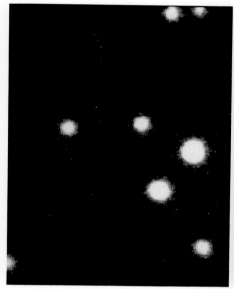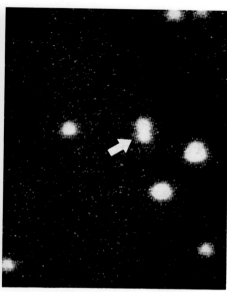

펄서 PSR 1957+20 1988년에 발견된 것으로 화살 표식은 반성(伴星)인데 펄서에 의해 반사되어 보였다 안 보였다 한다. 이 펄서는 엄청난 회전 속도를 내며 매초마다 622번이나 회전한다.(위)

게 성운 속에 발견된 펄서 매초마다 30번이나 그림과 같이 나타났다 없어졌다 한다. 이것은 일방적으로 내뿜는 빛이 지구로 향해 뻗을 때는 보이고 그 빛이 지나가 면 안 보이는 일이 매초 30번이나 반복됨을 알려 주는 것이다.(아래)

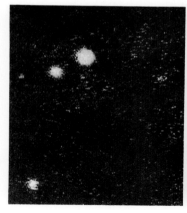

블랙 홀(Black Hole)

펄서가 중성자라 하여 엄청난 밀도의 별이 있음이 확인되었으나 이보다 한 수 더 뜨는 천체가 있다. 그것은 블랙 홀이다.

태양의 30배 이상의 별이 그 일생의 끝에 이르면 대폭발 뒤에 남은 핵부는 중성자성의 핵부가 따르는 운명보다도 더욱 심한 압축을 계속하여 엄청난 밀도의 별이 되어 빛조차도 잡아당기는 중력을 지닌다는 것이다. 그 자체는 검은 점으로 되어 있어 망원경으로는 보이지 않는다. 다만 간접적으로 볼 수가 있어서 그 주위에 또 하나의 별이 있다면 그 별의 대기(大氣)를 광속도와 가까운 속도로 빨아들이므로 그 대기는 X광선을 발산할 것이라는 생각이다. 이러한 이론을 뒷받침해 주는 천체가 몇 개는 발견되어 있다. 가장 유력한 후보가 백조 별자리에 있는 X-1이란 X선원(線源)이다.

블랙 홀의 밀도는 지구와 같은 무게를 가진 천체를 2센티미터의 직경으로 축소한 것을 상상하면 된다.

블랙 홀의 후보자

X-1　블랙 홀의 가장 강력한 후보자는 백조 별자리의 목 부분에 있는 X선원인 X-1이다.(위)

백조자리 X-1　이웃하는 별에서 가스를 빨아들이고 그 주위에는 가스 원반이 형성된다. 블랙 홀에 빨려 들어가는 가스는 원반 안을 끌려 돌면서 고온이 되어 X선을 복사한다.(옆면)

옆면 위쪽은 백조 자리 부근의 우주로서 화살표가 9등성 HDE 226868이다. 이 별에서 1000만 킬로미터 가량의 거리에 블랙 홀이 있다.

가스의 제트

가스 원반

블랙 홀

퀘이사(Quasar)

네덜란드 출신의 천문학자 마틴 슈미트는 1963년 2월 5일 별 같은 생김인데 은하계 전체가 발산하는 이상의 에너지를 방출하는 천체 3C-273을 발견하였다.

이 천체는 6억 광년이나 되는 곳에 있으며 초속 500킬로미터라는 엄청난 속도로 달아나면서도 아주 강력한 에너지를 발산한다.

처음에는 준성(準星)이란 이름을 달고 하나의 은하가 되려는 과정의 단일 천체인 줄 알았지만 그것이 아님을 뒤에 알게 되었다. 은하계보다 작은 천체가 은하계의 몇 배가 되는 에너지를 발산하려면 두 개의 은하계가 합쳐버리는 충돌 과정에서 중심부에 빨려 들어간 가스가 별들로 되면서 폭발을 하며 중심 핵부엔 블랙 홀이 형성된 상태가 되어야 한다는 것이 퀘이사에 대한 해석이다.

퀘이사 3-273 6억 광년의 거리에 있는 최초로 발견된 퀘이사이다.

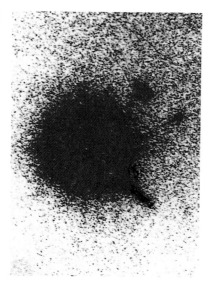

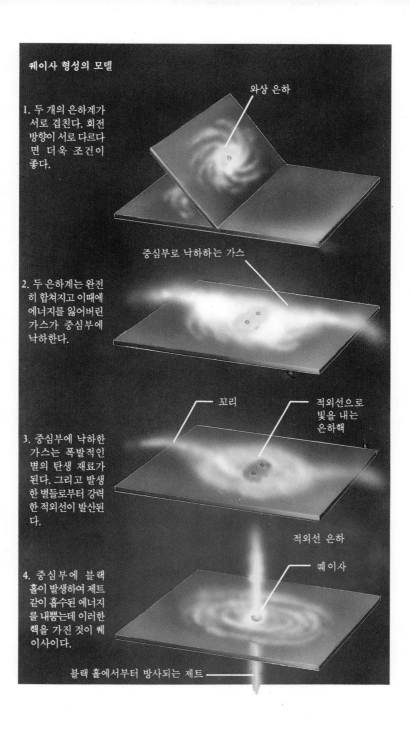

퀘이사 형성의 모델

와상 은하

1. 두 개의 은하계가 서로 겹친다. 회전 방향이 서로 다르다 면 더욱 조건이 좋다.

중심부로 낙하하는 가스

2. 두 은하계는 완전 히 합쳐지고 이때에 에너지를 잃어버린 가스가 중심부에 낙하한다.

꼬리

적외선으로 빛을 내는 은하핵

3. 중심부에 낙하한 가스는 폭발적인 별의 탄생 재료가 된다. 그리고 발생 한 별들로부터 강력 한 적외선이 발산된 다.

적외선 은하

퀘이사

4. 중심부에 블랙 홀이 발생하여 제트 같이 흡수된 에너지 를 내뿜는데 이러한 핵을 가진 것이 퀘 이사이다.

블랙 홀에서부터 방사되는 제트

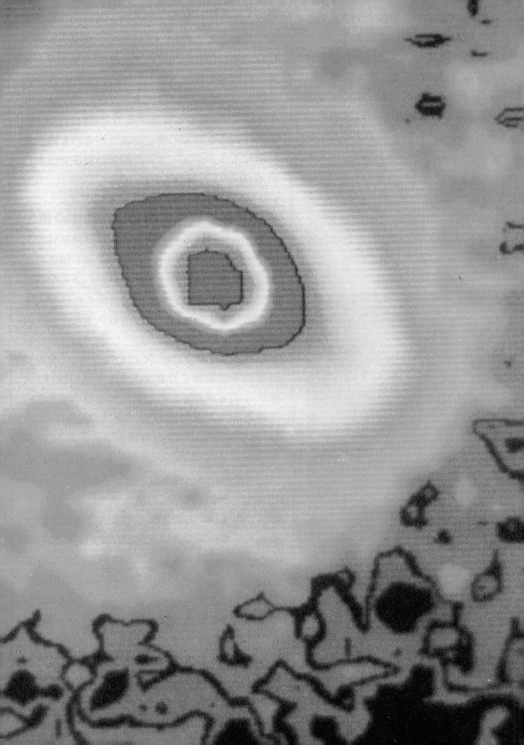

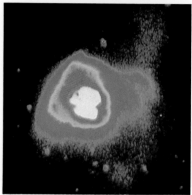

퀘이사 QO225+312의 모은하(母銀河)　CCD 카메라로 잡은 것으로 내부가 밝혀졌다.(옆면)

적외선 은하　두 은하계의 상호 작용 때문에 꼬리나 제트를 내뿜고 있는 것이 보인다. 500센티미터 팔로마 천문대의 망원경으로 찍은 것이다.(왼쪽 위, 아래)

퀘이사의 상상도(아래)

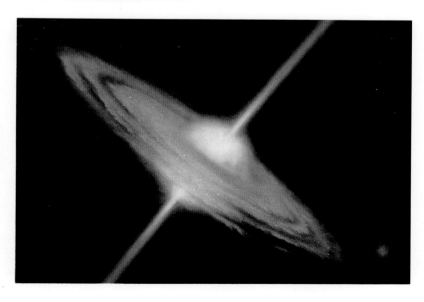

우주의 탄생과 종말

모든 실존(實存)하는 것은 반드시 그 탄생이 있고 종말이 있다. 우리의 이렇게 방대한 우주도 실제로 존재하니까 그 시작과 끝이 있어야 한다.

우주는 어떻게 해서 탄생되었는지에 대하여 1960년대까지는 여러 가지 설(說)이 나왔지만 태초에 수억 도나 되는 높은 온도의 광해(光海)가 대폭발을 일으켜 그때부터 시간이 생기고 원자와 원소가 만들어지면서 사방으로 나타나는 가스가 뭉쳐 드디어 성운, 은하, 별의 순으로 천체들이 만들어지면서도 발산(發散)되는 운동은 계속되어 왔다는 팽창 우주론이 1967년에 정립되었다.

폭발은 약 200억 년 전에 일어났고 오늘의 우주의 연령은 200억 세가 되는 셈이다. 지금도 우주의 총체는 팽창을 계속하고 있다. 그리하여 은하와 은하와의 거리가 계속 멀어지면서 서로가 무한의 거리가 될 때 다시 우주는 무(無)의 상태로 돌아간다는 것이다. 그때가 1000억 년 뒤라는 설이 있다. 그러나 어느 정도까지 팽창했던 우주는 다시 수축을 시작하였다가 다시 팽창한다는 주기적 팽창론을 제기한 사람도 있지만 아무도 그것을 증명할 수가 없다.

팽창하는 우주설(The Big Bang Theory)
1. 수소(水素)가 생김.
2. 가스 덩어리가 모이기 시작.
3. 은하계들과 별들이 탄생.
4. 모든 은하계들은 폭발점을 중심으로 발산되는 방향으로 날아가므로 우주 전체는 팽창하고 있다.

3

2

1

4

우주에의 도전

　　1957년 10월 4일, 소련이 인류 사상 최초로 인공 위성 곧 스푸트
니크(Sputnik) 1호를 날려 인간은 우주 공간에의 돌파구를 열었다.
　　1969년 7월 21일에는 아폴로(Apollo) 11호가 드디어 달 착륙에
성공하여 인간은 이것도 역시 사상 최초로 달 표면을 밟게 되었다.
　　이에 따라 우주 시대에 들어간 우리들은 우주 개발 사업에 힘을
기울여 많은 혜택을 입어 왔다. 그리고 망원경으로만 쳐다보던 태양
계 탐사에도 비약적인 발전을 보여, 21세기를 향한 혁신적인 인간
사회의 번영을 위해 준비를 잘 하고 있다.
　　우주 개발에 결정적인 공헌을 해온 중요한 역사적 업적을 더듬어
보고자 한다.

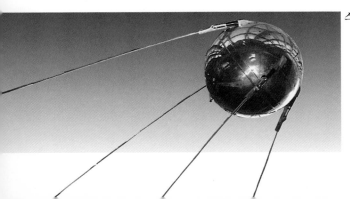

스푸트니크(Sputnik) 1호　인류
　최초의 인공 위성이다.

월면차 아폴로 15호가 갖고 간 월면차(月面車)의 활동 장면이다.

아폴로(Apollo) 계획

1969년 드디어 우주 개발 경쟁에서 소련에 뒤지던 미국이 아폴로 11호를 달에 착륙시킴으로써 달 정복에 성공하여 주도권을 12년 만에 잡았다. 11호부터 17호까지(13호는 고장으로 도중에 귀환) 달에 인간은 6번이나 다녀 왔다. 그리하여 2020년대에 달 이주(移住)를 위한 주요한 임무를 완수한 것이다.

로켓 경쟁과 행성 탐사의 선구자들

우주에의 문이 열리자 세계 열강들은 군사적 목적도 있고 해서 로켓 제작 경쟁에 나섰다. 그러나 아폴로 우주선을 달에 보내는 위력을 과시한 새턴(Saturn) 5호의 로켓에 비견할 만한 것은 소련도 만들지 못했다.

달 탐사 뒤에는 우리들의 목표는 화성과 금성이다. 그 행성들은 장차 우리들의 이주(移住) 목표이기 때문이다. 미국은 바이킹 (Viking)을 화성에 연착륙시켰고, 소련은 베네라(Venera) 계획으로 금성에 많은 탐사선을 연착륙시켰다. 그리하여 화성과 금성에 관하여 많은 정보를 얻게 해주었다.

소유즈(Soyuz) 로켓 소련의 유인 우주선 발사를 성공시킨 로켓이다.

새턴 5호 미국의 70년대를 휩쓴 로켓 경쟁의 스타로서 로켓 높이가 118미터, 출력이 마력수로 따지면 1억 5000만 마력의 힘을 내며 인간을 달에 보냈다.

뮤(Mu) 로켓 일본에서 발사시킨 인공 위성으로 성공한 로켓이다.

바이킹 탐사선   위는 화성에 연착륙하는 데 성공한 탐사선이고 아래는 바이킹 탐사선의 화성 연착륙 과정이다.

베네라(Venera) 16호 소련의 인공 위성으로 금성의 비밀을
탐사하는 광경이다. 15호와 함께 금성 지도를 완성했다.

보이저(Voyager)의 대장정

1977년 8월 20일 미국의 보이저 2호가 1호보다 앞서 하늘을 날았다. 1호도 9월 5일에 발사되었다. 이리하여 목성, 토성, 천왕성 및 해왕성 탐사의 위대한 업적을 12년 동안이나 태양계를 횡단하면서 우리들한테 안겨 주었다. 그리고 외계인(E.T.)에게 줄 '지구인의 소리'를 싣고 우주 공간 깊숙히 날고 있는 중이다.

타이탄(Titan) 로켓 보이저 탐사선을 정확히 탐사 궤도에 올리는 데 성공한 로켓이다.(왼쪽)
보이저 탐사선 태양계의 외곽 행정 탐사에 위대한 공적을 남긴 탐사선이다.(아래)

우주 왕복선

1980년대에 들어와 미국에서는 한 번 쓰고 버리는 로켓의 비용이 너무나도 엄청나기 때문에 100번쯤 반복하여 사용할 수 있을 뿐만 아니라 적재 용량도 큰 우주 왕복선(Space Shuttle)을 개발했다. 소련도 1989년에 에네르기아(Energia)라는 것을 개발했는데 미국 것과 모양도 크기도 거의 같다.

우주 왕복선은 새로운 우주 시대의 개막을 여는 데 획기적인 운반체이다.

우주 왕복선 우주 시대의 새 역사를 만든 미국의 우주 왕복선이다.

위성 발전소 발사 석유 고갈에
대비하여 태양열 발전소를 아예
인공 위성으로 띄울 계획을 세워
500킬로와트의 위성 발전소
발사에 성공했다.

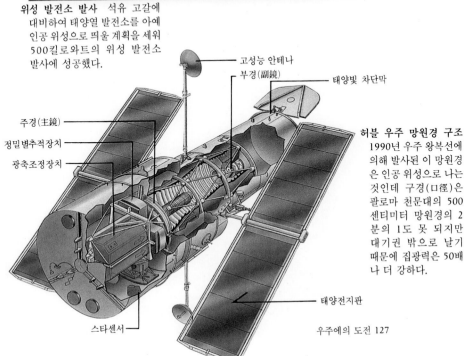

고성능 안테나

부경(副鏡)

태양빛 차단막

주경(主鏡)

정밀별추적장치

광축조정장치

스타센서

태양전지판

허블 우주 망원경 구조
1990년 우주 왕복선에
의해 발사된 이 망원경
은 인공 위성으로 나는
것인데 구경(口徑)은
팔로마 천문대의 500
센티미터 망원경의 2
분의 1도 못 되지만
대기권 밖으로 날기
때문에 집광력은 50배
나 더 강하다.

우주 기지의 건설과 우주 도시

21세기는 '우주 공간의 생활화' 시대가 된다. 우주 공간의 이점 (利點)을 이용하기 위한 기지 건설을 미국은 빨리 진행하여 1989년 건조에 착수했다. 소련도 거의 동시에 시험 기지를 띄웠다. 이 속에 실험실, 공장, 발전소, 병원 등을 설치할 것이며 지구 관광 기지도 되고 달의 여행을 위한 중간 기지도 된다. 신혼 여행도 우주 여행으로 즐길 수 있는 날이 곧 올 것이다.

미국의 프린스턴 대학의 게랄드 오닐(Gerald K.ONeill) 교수는 우주 도시의 개념을 내놓았다. 이것이 도화선이 되어 여러 가지 설계도가 나왔다. 작은 것은 '베르날의 구형(球型)'이라는 1만 명 거주용의 우주 도시이다. 한편 자동차 타이어같이 생긴 곳에서 사람들은 산다. 타이어 반경은 830미터, 초대형은 원통같이 생긴 것으로서 길이가 33킬로미터, 직경이 6.5킬로미터로서 20만 명을 수용한다. 이 우주 도시를 2024년부터 건설하자고 오닐 교수는 제안하고 있다.

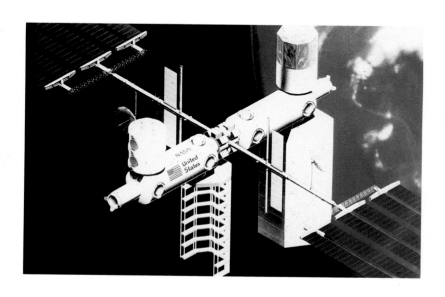

우주 기지(Space Base) 미국이 1989년에 건조에 착수한 우주 기지로서 우주 공간의
  생활화를 실현시키는 기수가 된다.(옆면)
우주 도시 자동차 타이어의 튜브같이 생긴 공간에서 산다. 이 튜브의 직경은 130미
  터, 우주 도시는 57초에 한 바퀴 돌면서 인공 중력을 발생케 하는데 완전 무공해
  도시가 된다. 수용 인원은 5만 명이다.(위)

베르날의 구형(球型) 도시　이 도시는 60초에 2회전을 하며 0.95그램의 중력을 발생케
한다. 여기에 수용될 것은 병원이 위주로서 각종 실험실과 소규모 제약 공장이 들어
선다.

맺음말

해가 서쪽으로 넘어간 뒤에 하나, 둘 나타나기 시작하는 별들의 신비로움에 한번은 누구나 다 상상의 날개를 펼 것이다. 여기에서 우리의 정서와 나아가서는 종교와 과학이 자연스럽게 탄생했다.

몇 년 전만 해도 우주에 관한 책 하나를 썼다고는 하나, 출판해 줄 곳이 없어서 우주 천문 과학자들은 서러움을 많이 받아 왔다. 그런데 90년대에 들어와서는 양상이 약간 달라져, 제법 별자리에 대한 책을 찾는 사람의 수도 늘었을 뿐만 아니라, 이제야말로 우리 나라 국민에게 박진감 넘치는 우주의 세계를 소개할 수 있을 때라고 생각한다.

필자는 이 책을 만드는 데에 그 어느 때보다도 전력 투구를 하여 자료 사진을 모았고, 간편하지만 천문학의 진수를 어린이에서부터 학생, 직장인 및 부녀, 노인분들까지 모두가 읽고 볼 수 있게끔 하도 록 노력하였다. 또한 현재까지 얻은 최신 정보와 연구 결과도 모두 망라하였다. 나로서는 영원히 기억될 작품을 만든다는 의욕으로 쓴 이 책이 관심있는 분들께 조금이나마 보탬이 된다면 더 이상 기쁜 일이 없을 것이다.

빛깔있는 책들 203-17

신비의 우주

글	—조경철
사진	—조경철

발행인	—장세우
발행처	—주식회사 대원사

주간	—박찬중
편집	—김한주, 신현희, 조은정, 황인원
미술	—차장/김진락 윤용주, 이정은, 조옥례 장은주
전산사식	—김정숙, 육세림, 이규헌

첫판 1쇄 —1990년 12월 26일 발행
첫판 6쇄 —2003년 1월 30일 발행

주식회사 대원사
우편번호/140-901
서울 용산구 후암동 358-17
전화번호/(02) 757-6717~9
팩시밀리/(02) 775-8043
등록번호/제 3-191호
http://www.daewonsa.co.kr

잘못된 책은 책방에서 바꿔 드립니다.

 값 13,000원

Daewonsa Publishing Co., Ltd.
Printed in Korea(1990)

ISBN 89-369-0083-8 00440

빛깔있는 책들